한국의 정자

글/박언곤 ● 사진/박언곤, 김대벽

ψ 대원사

박언곤 ───────────

공학박사. 와세다대학 건축학과를
졸업하고, 동대학원을 수료하였다.
홍익대학교 건축학과 교수로 있으
며, 문공부와 서울특별시의 문화재
전문위원을 겸하고 있다.

김대벽 ───────────

한국신학대학을 졸업했으며, 한국사진
작가협회 운영 자문위원, 민학회 회원
으로 활동하고 있다. 주요 사진집으로
「문화재대관(무형문화재편, 민속자료
편)」상, 하권 외에 다수의 책이 있
다.

한국의 정자

사진으로 보는 한국의 정자

자연 속의 정자 산이 수려하고 맑은 물이 흐르는 곳에는 으레 소슬한 정자가 있기 마련이다. 이는 맑고 깨끗한 자연에 의탁하며 자연에 동화되고자 했던 이들이 이룬 고운 심성과 의지의 표현이기도 했다. 사진은 멀리서 본 의상대(앞)

능허정(凌虛亭) 창덕궁 후원의 반도지(半島池)에서 작은 길을 따라 오르면 한적한 곳에 네 개의 가는 원기둥이 절병통을 얹어 무거운 듯한 지붕을 떠받고 있다. 빽빽한 나무에 둘러싸여 외부와는 격리된 공간의 위치에 있다.(위)

능허정 가구(架構) 천장은 소요정과 같은 수법으로 마감했다. 일익공의 간결함과 기둥, 창방, 주두, 소로 등의 조합이 공예품처럼 정교하게 이루어졌다.(왼쪽, 오른쪽 위, 아래)

애련정(愛蓮亭) 연경당에서 시작된 물은 방형(方形)의 애련지로 모인
다. 이 연못가에 선 애련정은 4각 기둥 밖으로 난간이 둘러쳐져
있다. 왼쪽은 애련지와 애련정 전경이고 위는 정자에서 내다본 풍경
이다. 낙양으로 장식된 주간(柱間)을 통해 보이는 풍경은 정자에
앉은 이로 하여금 신선의 세계로 들게 한다.

청의정(淸漪亭) 비원의 어정(御井)과 옥류천 사이에 얕은 사각형의 연못을 만들고 정자를 세웠다. 이 앞에는 벼를 심은 논이 있었는데, 임금이 풍작을 기원하며 손수 벼를 베어 그 볏짚으로 청의정의 지붕을 엮었다고 한다. 초가지붕의 가벼움을 이용하여 가는 기둥을 사용하고, 4각의 평면 위에 8각의 지붕을 구성한 8각형 도리 구조가 특이하다. 궁궐내의 정자이지만 서민적 감각이 강한 생산적 정자 기능을 모색했다. (왼쪽, 오른쪽)

태극정(太極亭) 비원내의 정자로서 청의정, 소요정과는 달리 높은 장대석 기단 위에 지어졌다. 옥류천, 소요암, 어정이 내려다보이며 이중 서까래로 추녀를 길게 뽑아 내고 있다. 원기둥에는 문설주가 붙어 있어서 원래 분합문을 가설했던 것으로 보인 다.

태극정 난간과 지붕 천장이 우물 천장의 형식인 점과 기둥의 문설주로 보아 비나 추위를 피할 수 있게 되어 있던 정자이다. (왼쪽, 오른쪽)

취규정(聚奎亭)   비원의 옥류천으로 넘어가는 능선의 길 모퉁이에 정면 3칸, 측면 1
칸에 팔작지붕인 정자가 서 있다. 시야가 넓게 트이고 넓은 마루 공간으로 형성되었
다.

승재정(勝在亭) 비원내 반도지의 서쪽은 금경사의 낮은 산이 가로막고 있는데, 이
정자는 산 위에 자리하여 반도지와 관람정을 내려다볼 수 있게 되었다. 속세와는
상관없는 듯 높고 수림에 싸여 눈에 띄지 않는 위치에 있다. 난간과 주간(柱間)에
분합문이 설치되어 있어 계절에 관계없이 사용할 수 있게 되었다.

존덕정(尊德亭)　비원의 반도지 남쪽에 자리하였다. 평면은 6각인데 건물의 반 정도를
연못으로 내밀어 석주로 받치고 있다. 또한 밖으로 이중 난간을 설치하여 건물의
안쪽에서 안정감을 지닐 수 있게 유도하였다.

존덕정 내부 정확히 계산된 천장의 결구법은, 건축에까지 철학적 사상을 담았던 당시의 조형 의지를 여실히 드러낸다. 6각의 평면에 천장에서 4각과 6각이 다시 조화되도록 배려하여 완벽히 짜맞춘 각 부재의 조형은 이 정자의 고귀성을 강조한다.

부용정(芙蓉亭) 비원 부용지 남쪽에 자리하며 어수문(魚水門)과 주합루(宙合樓)를 올려
다보는 위치이다. 평면은 아(亞)자형 구조로 한쪽 면이 연못 쪽으로 튀어나오게 하였
는데, 연못 쪽으로 나온 정자 바닥을 한 층 높게 하여 연못의 바닥에서 솟은 돌기둥이
받치게 하였다.(앞)

부용정 가구(架構) 외부 공간을 끌어들이는 쪽은 계자난간으로 더욱 적극성을 띄우고
아(亞)자형 평면과 이에 맞는 지붕 구조가 세심한 배려를 보인다.(위)

22

부용정 분합문 분합문은 들어 올려 걸도록 되어 있어 한여름에 서늘함을 더해 준다.
이 정자는 공간과 조형, 장소의 선택 등에서 신선의 세계를 실현하려 한 것이다.

관람정(觀纜亭)　반도지에 바짝 붙여 세워진 부채꼴형 정자이다. 평면의 호(弧)를 이루는 부분이 물을 향하고 있다. 이는 마치 배에 타고 있는 듯하여 자연에 동화되도록 연출한 정자라 할 수 있다.

관람정 조경 관람정의 난간과 반도지의 물 그리고 이들을 둘러싼 수풀은 한적한 정자의 풍취를 한껏 느끼게 한다.

소요정(逍遙亭) 옥류천과 어정(御井)에서 흐르는 물은 소요암의 폭포를 이루고 그 옆에 자리한 소요정은 괴암과 물, 숲에 싸여 정자의 멋을 한껏 드러낸다.

소요정 천장의 가구(架構) 방사선으로 가지런히 배열된 서까래의 연장으로 천장을 빈틈없이 장식했다.

소요암(逍遙岩) 자연암에 곡수구(曲水溝)를 파고 폭포를 만든 소요암은 비원에서 가장 깊숙한 곳으로 흐르는 옥류천 주변에 있다. 정자는 이러한 자연 경관을 중시하는 건축물이다.(뒤)

향원정(香遠亭) 넓은 연못 한가운데에 있는 섬에 위치하여 지나치게 의도적인 분위기
가 정자의 자연성을 위축시키지만 향원정 내부에서의 경관과 인공적 격리는 정자의
기능을 충분히 발휘한다. 경복궁내에 있는 정자이다.

소양정(昭陽亭) 강원도 춘천 소양호 주변에 있는 정자이다. 정자의 소박, 고귀성을
실현한 누(樓)로서 확 트인 공간과 자연 속의 동화는 누마루에서의 풍류를 예측케
한다.

의상대 망망한 동해를 발 아래 깔고 낙락장송을 곁들인 풍경과 암벽에 부서지는 파도 소리는 인간의 한계를 절감하게 한다. 인간이라는 한 개체를 초월하게 하는 웅대한 배경의 정자이지만 현재는 관광객을 위한 안전 시설이 자연미를 경감시킨다.

힌 김응조

의상대 천장과 가구 대사찰인 낙산사를 가까이 두었으므로 불가(佛家)의 영향이 보인
다. 천장의 상징적인 형태는 6각을 기본으로 하고 있는데, 세찬 비바람과 염분으로부
터 지붕의 가구를 보호하기 위하여 설치한 것이다. 익공의 섬세한 문양이나 단청이
사찰의 건물처럼 빼어나다.

활래정(活來亭) 18세기초에 지어진 강릉 선교장에 부속된 건물이다. 본채로 들어가는 길가에 연못을 만들고 정자의 일부를 연못 안으로 내밀었다. 난간을 설치하고 분합문을 달아 계절에 구애 없이 사용하면서 동네 풍경과 전원을 바라볼 수 있게 하였다.(앞) 명암정(鳴巖亭) 강원도 강릉에 있는 이 정자는 계곡을 끼고 박석 위에 세워졌다. 흐르는 물과 흰 바위 그리고 숲의 자연 경관과 잘 어울려 풍류를 즐기는 사대부의 생활을 엿보게 한다. 왼쪽은 명암정의 천장 구조로 연등천장의 소박함을 보여 준다. 오른쪽은 명암정 전경이다.

삼련정(三蓮亭) 충청북도 중원에 있는 정자이다. 장대석의 기단 위에 굵은 원기둥이
8각형의 끝점에 각각 세워지고 지붕 또한 8각을 이루었다. 바닥 구조가 원형 보존에
입각한 때문인지 삭막함을 준다. 주변 환경 또한 정자 위치로는 적합하지 않은 곳이
다.

삼련정 내부 단순하게 처리한 낙양의 곡선이 시선을 강하게 자극한다. 이러한 낙양과 천장의 구성으로 보아 휴식이나 조망을 위한 일반적인 기능의 정자는 아닌 것으로 생각된다.

백석정(白石亭)　충청북도 청원에 있는 정자로 1986년에 중건하였다. 괴암 절벽 위에
세워져 멀리서 보면 흐르는 물 위에 뜬 것으로 보일 정도이다. 초목과 하늘을 배경으
로 격리된 이런 곳은 자연을 즐기며 삶과 이상을 펼치고 싶어하던 생활 철학이 정자
로 구현되기도 한다.(왼쪽)
백석정 내부　4각 기둥을 세워 단조로운 느낌을 주지만 의도적으로 정제하지 않은
기둥을 한쪽에 사용함으로써 자연에 흡수하고픈 정자 공간임을 암시한다.(오른쪽
위, 아래)

세심정(洗心亭) 충청북도 영동에 있는 정자이다. 급경사의 암벽 위에 자리하며 정자의
주위에는 여유 공간도 없이 곧장 정자로 유도된다. 6각 평면에 6각 지붕으로, 원기둥
밖에는 난간을 둘러 주고 바닥에는 방사선형으로 마루판을 깔았다. 왼쪽은 밑에서
올려본 정자의 모습이고 오른쪽은 정자에서 보이는 풍경이다.

관란정(觀瀾亭)　충청북도 제원군에 있는 정자로, 조선 세조 때에 충신 원호가 단종에
게 표주박을 띄웠다는 서강 가까이에 있다. 정면 2칸, 측면 2칸의 건물로 팔작지붕
겹처마이다. 왼쪽은 정자에서 바라본 서강이고 오른쪽은 높은 위치에 자리하였음을
알 수 있는 정자의 전경이다.

남간정사(南澗精舍) 　축대 위에 좌우방을 놓고, 가운데 대청 밑은 공간을 두어 바닥에 물이 흐르도록 함으로써 건물이 양측에 걸쳐진 모습을 하고 있다. 전면에는 자연스럽게 연못을 조성하여 주위에 나무를 심고, 후면에는 대나무를 심어 선비의 고고한 성품을 엿보게 한다. 또한 바위에서 연못으로 떨어지는 물소리는 시각적 아름다움과 함께 청각 효과로써 여름철에 시원함을 배가시켜 줄 뿐만 아니라 시상(詩想)을 불러 일으키기도 한다.

46

백화정(百花亭) 백제의 마지막 비애를 상징하는 백화정은 정자의 기능 이전에 낙화암
과 백마강 그리고 3천 궁녀의 회상지이다. 우리나라의 정자는 산이나 바위에 우뚝
서지 않음이 특징이지만 이 정자는 장소의 역사성을 보여 주는 데에 목적을 둔 듯,
바위 높은 곳에 자리하였다.

관가정(觀稼亭) 멀리 강줄기가 내려다보이는 경상북도
월성 지역의 형산강 기슭에 자리잡고 있다. ㅁ자형
본채에 나란히 연결된 누마루 형태의 이 정자는 누마
루의 상징성을 강조한 것이 두드러진 특색이다. 다른
방보다 단을 약간 높여 계자난간을 둘러 사랑방과
누마루를 돋보이게 하였을 뿐만 아니라, 사랑방과도
구별을 하여 누마루의 아래는 건물 기단부를 과감히
제거, 누하주(樓下柱)를 세운 것으로 보이게 하였다.
건물의 공간 차에 의한 위계성의 표출을 시도한 것이
다. 왼쪽은 관가정 전경이고 오른쪽 위는 간결한 구조
를 보이는 정자의 내부이다.

무첨당(無忝堂) 경북 월성에 있는 건물로 보물 411호이다. 정면 5.5칸, 측면 2칸의
규모이며 6칸 대청을 가운데 두고 좌우측에 온돌방을 배치하였다. 별당 건축으로
이언적의 종가 건물이므로 당시의 생활과 주택에서의 정자 기능을 잘 보여 주는 한
예로 평가된다.

무첨당 누마루와 난간 ㄱ자형 별당 건축인 무첨당은 전면으로 2칸을 돌출시켜 누마루
를 만들고 있다. 누마루 주위에는 계자난간을 둘렀으며, 초익공 구조로 내부에서도
정교한 치목 수법을 엿볼 수 있어 전체 가옥의 건축물 중 가장 중요한 공간임을 알
수 있다.(왼쪽, 오른쪽)

심수정(心水亭) 널따란 대청은 지역성과는 별도로 상류층의 권위적 공간이기도 하다. 굵은 부재와 서까래가 높은 공간의 위엄을 연출하고 있다. 경북 월성 지역에 있는 정자이다. (왼쪽)

심수정 내부와 누마루 사대부 주택의 사랑채에서는 대청의 연장으로 바닥을 높여 누마루를 둔다. 대청 공간은 전면을 노출시키고 뒷면에는 판문을 달았으며 천장은 방사선 배열의 서까래 구조를 드러내는 자연스러움을 택하였다. 대청은 전면만 개방되어 있는 데 비하여 누마루는 대개 3면이 개방될 수 있게 하여 돌출된 공간으로 구성한다. (오른쪽 위, 아래)

청암정(青巖亭) 丁자형 평면으로 지시에 맞추어 절제된 인위적인 조영은 자연을 존중하고 그대로 수용하려는 자연관을 반영한 것이다. 지붕의 모서리에는 활주를 세워 사래를 받치고 있으며 암반 위에 높게 위치하기 때문에 주변의 경작지를 살필 수 있어 유희의 기능뿐만 아니라 감농(監農)의 역할도 할 수 있다.(왼쪽)

청암정(青巖亭) 내부 가구와 돌다리 넓은 암반 위에 바위의 형세에 따라 정자를 세우고 주위에는 물이 돌아 흐르도록 함으로써 돌다리를 통해서만 정자에 접근할 수 있게 하였다. 평면의 형태에 맞춘 간략하고 소박한 구조와 솔직한 표현은 사대부의 유교적 생활관을 느끼게 한다.(오른쪽 위, 아래)

경체정(景棣亭) 뒤로는 야산을 등지고 전면 담장 밖에 연못이 있는 경체정은 전체적으로 단아한 느낌을 주는 정자이다. 주로 시회(詩會)의 장소로 사용되었으며, 소로 수장 구조로 간단한 가구 형태를 하고 있다. 4면에는 평난간을 둘렀으며, 전면 2칸의 마루 밑은 바닥에서 떨어져 있어 다른 정자들과 유사한 형태를 하고 있다.(왼쪽, 오른쪽 위, 아래)

독락당 계정(獨樂堂 溪亭)　넓은 계곡에 살림 시설까지 갖춘 정자이다. 높게 자리하여 난간에서 물을 바라볼 수 있는 위치여서 경관을 중시한 정자임을 알 수 있다.(앞)
농월정(弄月亭)　울창한 송림을 배경으로 하여 넓은 반석 위에 위치한 농월정은 자연스런 원주가 층받침을 이룬 누각 건물이다. 전면에 유유히 흐르는 계곡의 물과 넓은 반석은 자연과 함께 풍류를 즐기기에 적합한 곳이다.(위)

60

농월정 내부 가구와 계자난간 팔작지붕에 활주까지 세운 장대한 건물인만큼 단청
또한 격식을 갖추고 있다. 내부의 대들보도 사찰이나 궁궐의 건축처럼 애써서 다듬었
으나 보수한 목재와 격이 맞지 않고 있다. 위 왼쪽은 대들보의 형태이고 오른쪽은
계자난간과 풍혈이 있는 난간의 모습이다.

군자정(君子亭) 전면에 흐르는 계류를 바라보며 커다란 반석 위에 서 있다. 정면 3
칸, 측면 2칸에 팔작지붕인 이 정자는 조선 중종 때 이원숙이 무오사화를 피해 낙
향, 은거하며 세운 것으로, 적극적으로 자연을 즐기려는 데 중점을 둔 건물이다.

군자정 누하주(樓下柱) 반석의 생김새에 따라 누하주를 세우고 높이를 맞추어 위에 건물을 올린 것이다. 반석과 기둥의 연결은 따로이 초석을 놓지 않고 바위의 생김새에 따라 목재의 밑부분을 그렝이질하였다. 이러한 자연스런 기법은 전적으로 자연에 동화하려는 의지를 반영한 것이다.

한국의 정자

글을 시작하며

언젠가 「동문선(東文選)」을 뒤적이던 중, 고려의 문신 이규보가 쓴 '사륜정기(四輪亭記)'라는 글이 눈에 띄었다. 제목이 특이하고 신기하여 문득 호기심이 생기기도 했지만 그 내용이 더욱 흥미로워 감탄한 일이 있다. 1평 규모의 정자를 설계하고 계획했을 뿐 아니라 그 이용 방법까지 완벽하게 서술해서, 건축을 전공하는 사람으로서 눈이 번쩍 뜨이는 기분이었기 때문이다.

무릇 우리나라 주거 건축의 온돌이라는 구조와 공간이야말로 세계 어디에서도 찾아볼 수 없는 우리만의 특징이다. 그래서 온돌처럼 일반화된 전통 건축물 중에 또 다른 우리만의 특성은 없을까 하고 늘 의식적으로 살피던 터였으므로 이 '사륜정'이야말로 소중한 발견이 아닐 수 없었다. 그 후 몇 년을 두고 정자가 발달하게 된 배경과 현존하는 정자들을 눈여겨 보게 되었고 관심을 가지고 살필수록 정자에 대해 애착을 느끼고 연구하게 되었다.

정자는 그 자체가 아름답거나 감탄할 만한 훌륭한 건축물은 아니지만 장소 선택의 의도와 동기 그리고 그 정자를 이룩하고 즐기던 사람의 마음, 이런 것들이 어우러져서 우리를 형이상학의 세계로 빠져들게 하는 매력이 있다. 더구나 이런 정자는 한반도 어디를 가나 있고 어느 시대에도 실존했었고 뭇사람들의 정서를 순화시켜 준 벗으로서 우리 민족과는 각별히 친근했던 까닭에 의의가 더욱 크다 하겠다.

정자의 역사

정자의 의미

정자라는 명칭은 한자어이다. 따라서 그 의미도 한자에서 찾아야
겠다. '정자 정(亭)'자는 경치가 좋은 곳에 놀기 위하여 지은 집이라
는 뜻의 글자이다. 물론 '주막집 정' '역말 정' '기를 정' '평평하게
할 정' '고를 정' '곧을 정' '이를 정' '머무를 정' '우뚝 솟을 정'이라는
뜻도 있긴 하다.

앞에서 말한 이규보의 '사륜정기'에는 "사방이 툭 트이고 텅 비고
높다랗게 만든 것(作豁然虛敞者謂之亭)이 정자"라고 했다. 또 정자
와 비슷한 구조인 사(榭)와 누(樓)와는 다르다고 구별했다.

중국 송대의 「영조법식(營造法式)」이라는 문헌에 "亭은 백성이
안정하는 바이니 정에는 누(樓)가 있다. 亭은 사람이 모이고 머무르
는 곳"이라고 했다. 또 「후한서」의 '백관서'에는 "여행길에 숙식
시설이 있고 관리가 백성의 시비를 가리는 곳"이 정이라고 했다.
이로 보아 우리나라의 '정'과 중국의 '정'은 그 기능과 모양이 달랐음
을 알 수 있다.

우리나라는 자연 경관이 아기자기하고 사계절의 변화가 뚜렷하여, 철따라 변하는 산과 들과 강의 풍정을 즐기고 자연과 더불어 생활한 우리 민족에게 정자는 극히 자연스러운 존재였다. 그래서 널리 보편화한 것이라 생각된다. 더구나 조선조 유학의 영향으로 자연의 섭리에 순응한다는 생활 철학이 정신적 바탕을 이루었고, 특히 선종이 한국 불교의 주류를 이루면서 자연과의 동화가 생활화되어 더욱 정자와 친숙해진 것 같다.

농경을 주로 했던 우리나라는, 자연을 사랑함에는 상류층과 서민의 차별이 없었다. 이는 우리나라의 서민 문화와 상류 문화가 모두 그 바탕을 자연에 의지하고 있음을 보아서도 알 수 있다. 그래서 정자는 당연히 산 좋고 물 좋은 경관을 배경으로 한다. 맑고 깨끗하여 부정이 없는 자연을 닮으려는 심성이야말로 한국인들의 순수한 기질이라 하겠다.

신체의 휴식이나 잔치, 놀이를 위한 기능보다는 자연인으로서 자연과 더불어 삶을 같이 하려는 정신적 기능이 더 강조된 구조물이라 할 수 있다. 깎아지른 듯한 절벽 위에, 맑은 물이 흐르는 계곡 옆에, 삶의 터전인 주거지 연못 옆에, 산천 경계나 들이 잘 보이는 곳에 으레 정자가 있다. 그런 정자 안에 앉아 있으면, 비록 인공의 구조물이긴 해도 이미 그 인공을 초월한 대자연 속에 동화되고 만다. 때로는 물과 함께 억겁의 세월 속에서 함께 흐르기도 하고 때로는 광활한 허공에서 거침없이 시공을 초월하기도 한다.

그래서 인공의 구조물인 이런 정자가 결코 자연 경계 속에서 눈에 거슬리지 않는다. 거기 있는 바위, 거기 있는 소나무처럼 그저 자연스럽기만 하다. 이것이 한국 정자의 모습이자 기능이며 존재 이유인 것이다.

정자의 시작

정자가 언제부터 우리나라에 지어졌는지는 정확히 단정할 수 없으나 형태상의 특징으로 보아 그 연원을 고구려의 부경(桴京)이라는 소창(小倉)과 시골에서 쉽게 볼 수 있는 원두막 등에서 찾아볼 수 있다. 이로 미루어 고대부터 이미 정자를 지을 수 있는 지혜와 능력이 있었던 것으로 추정해 볼 수 있다.

그러나 문헌상의 기록으로는 「삼국사기」 권27 '백제본기(百濟本記)' 중 의자왕조(義慈王條)의 '의자왕 15년(655)에 태자궁을 지극히 화려하게 수리하고 왕궁 남쪽에 망해정(望海亭)을 세웠다'는 기록이 최초이다. 그러나 정자보다 규모나 법식에 있어서 상위에 있는 누에 대해서는 이보다 앞선 무왕 37년(636)에 망해루에서 군신에게 잔치를 베풀었다고 기록되어 있다.

또한 신라에서는 망해정을 지은 같은 해인 655년에 월성내에 고루(鼓樓)를 세움으로써, 삼국시대에는 궁원에 누와 정자의 축조가 이미 일반화되어 있었으며 주로 연회의 장소로 활용되었다는 것을 알 수 있다.

신라 동궁내의 원지(苑池)인 안압지는 못가에 신선이 산다는 무산 12봉을 조산(造山)하고 못 속에 삼신도를 조성함으로써 신선 사상을 배경으로 천상의 세계를 나타내고 있다. 안압지의 누는 서쪽 호안 높은 곳에 위치하여 선경을 즐기도록 하였으며 이러한 축경식(縮景式) 기법은 정자의 조원(造苑)에서도 많이 이용된 수법이다.

고려시대에도 정자는 세부 기법에 있어서는 약간의 차이가 있었을지언정 전체적인 기법은 별 차이가 없이 계승되고 있다.

「고려사(高麗史)」 의종조(毅宗條)에 다음과 같은 기록이 있다.

"…夏四月丙申朔, 關東離宮成, 宮曰壽德, …又毀民家五十餘區,

作大平亭, 命太子書額, 旁植名花異果, 奇麗珍玩之物, 布列左右,
亭南鑿池, 作觀瀾亭, 其北 構養怡亭, 盖以奇瓷, 南構養和亭, 盖以
梭, 又磨玉石, 築觀喜, 美成二臺, 聚怪石作仙山, 引遠水爲飛泉,
窮極侈麗…"

　의종 11년(1157)에 이궁(離宮)으로 만든 수덕궁(壽德宮) 안에
대평정, 관란정, 양이정, 양화정 등 여러 정자를 짓고 아름답고 특이
한 꽃과 나무를 심었으며 진기하고 아름다운 돌들을 정자 좌우에
배열하였음을 알 수 있다. 또한 못을 파고 괴석을 쌓아 선산(仙山)
을 만들었으며 멀리서부터 물을 끌어들여 비천(飛泉)을 만드는 등
매우 화려한 신선의 세계를 만들고 있다. 특히 양이정은 아주 귀한
청자 기와로 지붕을 덮음으로써 화려함의 극치를 나타내고 있어
궁원에 있어서 정자의 중요성을 짐작하게 한다.
　이렇듯 정자는 풍류를 즐기고 경치를 완상하고 놀이를 하는 장소
로 활용되었음을 알 수 있다. 따라서 정자는 지배층의 문화적 단편
을 엿볼 수 있을 뿐만 아니라 뛰어난 조원 기법과 장식적인 치목
기술에서 선조들의 빼어난 미적 감각을 느낄 수 있다.

정자의 기능

문헌에 나타난 정자

정자의 기능은 종류와 위치에 따라 여러 가지로 차이가 있다. 또 소유의 대상에 따라서도 차이가 있다. 소극적이나마 고려시대 이규보의 '사륜정기'를 통해 정자의 개념을 고찰하며 그 기능과 목적을 알아보기로 한다.

"여름에 손님과 함께 동산에다 자리를 깔고 누워 자기도 하고 혹은 앉아서 술잔을 돌리기도 하고 바둑도 두고 거문고도 타며 뜻에 맞는 대로 하다가 날이 저물면 파하니, 이것이 한가한 자의 즐거움이다. 그러나 햇볕을 피하여 그늘을 찾아 옮기느라 여러 번 그 자리를 바꾸게 되므로 그 때마다 거문고, 책, 베개, 대자리, 술병, 바둑판이 사람을 따라 이리저리 옮겨지므로 잘못하면 떨어뜨리는 수가 있다."

그래서 바퀴가 달린 정자를 만들어 필요한 도구를 실은 채 쉽게 옮겨 다닐 수 있도록 하겠다는 것이 '사륜정기'의 요지이다. '사륜정기'에 수록된 정자의 목적(용도)이 이규보 개인 취미에 준한 주관적인 설정임을 알 수 있다. 그리고 한가한 자의 즐거움이라고 했으나 생활이 항상 한가하다는 뜻은 아니다. 소위 고급 관리로서 국가의 녹을 받는 처지에 날마다 그렇게 한가롭게만 지낼 수는 없었을 것이다. 어쩌다 한가로이 지내게 된 여가를 말함일 것이다.

물론 고위 관직의 관리이지만 오늘날과 같이 바쁜 공직 생활은 아니었을 것이고 농경사회의 생활이란 쫓기듯하는 현대의 생활에 비하면 한가로웠을 것이다. 더구나 농경사회에 살았다고는 하지만 농부들처럼 직접 농사를 지은 것은 아니니 철따라 바쁜 일도 없었을 것이며 다만 생활의 많은 시간을 학문에 할애했음은 분명한 사실이다. 따라서 집이 아닌 동산이나 물가에 자리를 마련하고 자연 속에서 풍류를 즐기는 일도 빼놓을 수 없는 생활의 한 부분이었을 것으로 짐작된다.

이런 생활이 혼자만의 여가 선용도 있겠으나 앞에서도 언급했듯이 때로는 뜻맞는 벗과 더불어 즐기는 경우도 있었을 것이다. 그래서 이규보가 생각한 바람직한 정자의 기능은 손님 접대도 할 수 있고 학문을 겸한 풍류도 누릴 수 있는 곳이어야 하였다.

'사륜정기'에는 또 이렇게 기록되어 있다.

"이른바 여섯 사람이란 누군가 하면 거문고를 타는 사람, 노래를 부르는 사람, 시에 능한 승려가 한 사람, 바둑을 두는 두 사람 그리고 주인까지 여섯이다."

이 글의 인원 구성은 많은 것을 시사해 준다. 즉 불교 문화의 영향을 배제할 수 없었던 당시의 사회상을 엿볼 수 있어 매우 흥미롭다. 이 여섯 사람들은 물론 시정 잡배가 아닌, 학문이 높은 상류계층의 선비였을 것이다.

그런데 그런 선비들이 승려와 교류가 있었으며, 더구나 그 승려는 시에 능할 만큼 학식이 높은 지식인으로 꼽고 있다. 또 거문고를 타는 사람이나 소리를 하는 사람도 전문 연예인이 아닌 풍류를 즐기는 선비였을 것이며 바둑을 두는 사람도 요즈음의 프로 기사가 아니라 선비였을 것이다. 더구나 거문고는 남성의 악기이다.

이로써 손님과 주인의 사회적 지위나 개인의 취미와 교양 그리고 학식 수준이 비슷한 동질 집단의 구성임을 알 수 있다. 따라서 '사륜정기'의 정자 기능은 수준 높은 상류층 지식인의 멋과 생활 철학을 충족시켜 준 건축물이자 공간이었다. 이런 생활 철학은 깊이 있는 학문을 기초로 한 것이며 자연의 섭리를 따르면서 자연인으로서의 주관의 확립에서 이룩되는 것이다.

이제 그런 정자를 만드는 구체적인 계획을 살펴보자.

"하늘이 둥글고 땅이 모난 것은 사람이 모두 아는 바이다. 그러나 음양을 말하는 사람은 남녀에 비유하거나, 가로나 세로의 보(步), 척(尺)을 말하는 것은 만물이 모나고 둥근 이치를 모든 형상에 응하고자 함이다. 바퀴를 4개로 하는 것은 사계절을 뜻한 것이요 정자를 6척으로 한 것은 6기(六氣)를 나타낸 것이며 2개의 들보와 4기둥을 세우는 것은 임금을 대신하여 정사를 도와 사방의 기둥이 되고자 하는 뜻이다."

그의 이러한 의도는 자연 법칙에 준하고 그 자연의 순리를 이용하여 사회의 안정과 발전을 꾀하고자 하는 것으로 한낱 조그마한 정자이지만 형이상학적인 이상을 현실에서 실천하고자 하는 고매한 의지를 내포시키고 있다.

고려 때 이같은 깊은 철학적 사상이 깃들어 있던 정자의 기능은 그저 생활의 여유를 형이상학적으로 즐기는 퇴폐성보다는 식자와 지도자의 깊은 학문을 바탕으로 한 차원 높은 공간이었다. 이렇듯 한국 정자의 기능은 한민족과 한반도를 배경으로 한 순수한 한국적 건축이자 공간이며 자연, 사회, 학문, 생활이 용해된 이상적인 건축물인 것이다.

산수화 속의 정자

동양의 산수화는 여백의 조화가 생명이다. 그런만큼 여백의 처리가 작가의 가장 어려운 문제이며 보는 이는 여백의 묘미에서 감동을 느낀다.

우리나라의 역대 유명 화가들은 산수화에 정자를 즐겨 그렸다. 화폭 안의 정자는 마치 속세에서 벗어난 곳, 자연의 순수함이 존재하는 그런 부분에 그려져 있다. 더욱 자세하게 보면 화폭의 공간을 세속과 선경으로 구분하여, 정자에 앉으면 세속을 떠난 절경이거나 인간 세상이 아닌 선경이 시작되는 지점인 듯 느껴진다. 좋은 산과 바위, 좋은 물과 폭포, 좋은 하늘과 구름이 직접 현세와 맞닿은 것이 아니라 중간의 정자와 정자에 앉아 있는 사람을 통해 전달되게 구성되어 있다.

자연과 세속을 매개하는 그 전달 감정은 신선의 마음이라 생각되어진다. 그러므로 화폭 앞에 서서 그림 속의 공간으로 끌려 들어가 정자 속에 앉아서 작가가 의도한 절경에 마음껏 도취하여 순간이나마 대자연 속에 동화되어 버린다. 정자가 없는 산수화는 감상자를 그 공간 안으로 끌어들이는 그런 유혹이 없어서일까. 그래서 정자가 필수적인 소재로 다루어지는 것으로 생각된다.

우리나라 역대 화가 중에서 첫손 꼽히는 안견(安堅 ; 1400년대)의 작품에서도 그런 의도를 찾아볼 수 있다. 유명한 「몽유도원도(夢遊桃源圖)」는 산수화의 대표적 작품으로 인정받고 있다. 세종대왕의 삼남인 안평대군이 꿈에 거닐던 도원을 안견에게 설명해 주자 안견이 3일 만에 그렸다는 작품이다.

또 여기에는 안평대군을 비롯하여 박팽년, 서거정 등 집현전 학자들의 글이 함께 담겨 있어서 안견이 단순한 화가가 아니라 학식 높은 학자였음을 알 수 있다.

이 작품의 오른쪽 상단에 3~4동의 건물이 그려져 있다. 「몽유도원도」의 건물이 있는 곳에서 내려다보면 시야내에 꽃이 활짝 핀 복숭아나무들, 맑은 내와 폭포, 기암들이 전개된다. 그러나 건물들은 정자의 형식이 아닌 신선들의 초당인 듯한 규모가 큰 집으로 표현되어 있다. 그 중 가장 앞쪽에 정면으로 그려진 건물은 전면이 거의 개방되어 있어 내부가 들여다보인다. 건물 바닥의 안쪽을 높게 하여 높이를 다르게 했는데, 안에 앉아서 멀리 내다보이는 절경을 감상하려는 의도로 간주된다. 이런 의도로 보아 이 건물의 기능은 정자와 같이 자연 속에서 선경을 즐기는 곳으로 만들어진 건물임을 짐작할 수 있다.

잘 알려진 작품 「사시팔경도(四時八景圖)」나 「소상팔경도(瀟湘八景圖)」에는 각 화폭마다 많은 건물이 그려져 있는데 그림마다 정자가 없는 것이 없다. 특히 정자 건물을 눈에 띄게 강하게 표현하였으므로 맨 먼저 정자가 눈에 들어오게 되어 있다. 정자의 위치도 일상생활 공간을 비켜 앉았거나 길에서 강이나 산으로 돌출된 부분에 자리하고 있다.

안휘준 교수는 안견의 작품을 다음과 같이 평한다.

"경물(景物)들 사이에는 수면과 인운(烟雲)을 따라 넓은 공간과 여백이 전개되어 있다. 이러한 표현은 탁 트이고 시원한 공간을 좋아하고 옹색함을 싫어하는 우리나라 사람들의 미(美) 의식을 반영한 것으로 볼 수 있다."

이렇듯 정자는 우리들의 생활에서, 산수화에서, 철학에서 소중하게 그리고 친근하게 삶을 같이 해왔음을 알 수 있다. 자연을 만끽하면서 세속을 떠나 보려는 의도는 많은 산수화에서도 찾아볼 수 있듯이 정자 공간은 형이상학을 추구하려는 의도가 강한 한국의 특징적 공간이다.

정자의 배치와 조경

앞에서 간단히 살펴보았듯이 한국 정자의 역사성은 고문헌이나 역사 기록을 통해 살펴볼 수 있는데 현존하는 정자들은 대부분 14세기 이후에 건립된 것이다.

이런 정자들은 우리 민족의 정서와 자연 환경에 부합되는 가장 한국적인 건축물이기 때문에 시대나 지역에 관계 없이 일반화되어 자유로이 건립되었다. 따라서 정자를 시대별로 또는 지역별로 분류하는 것은 큰 의미가 없다고 본다. 다만 정자의 배치 구성과 연관되는 건립의 목적과 입지(立地)에 따라 구분하는 방법과 평면 형태 그리고 지붕의 형태 등으로 구분한다.

우선 건립 목적에 따라 살펴보면 풍류, 관망, 휴식을 위해 건립된 것이 대부분이며 일부는 추모 기념의 목적으로 건립되며 주거, 강학(講學)의 목적으로 건립되는 경우도 있다. 일상의 생활 속에서 휴식의 의미가 강하게 내재되어 있기 때문에 주로 산천이 수려한 곳, 바닷가나 강가의 절경 또는 농촌의 경작지 한가운데 등 휴식 공간의 필요성이 있는 곳에 위치한다.

또 독립된 단일 건물로서만이 아니라 궁궐, 사찰, 향교, 서원, 일반 주택에 부속된 시설로 건립하기도 했다. 이를 좀더 세부적으로 분류해 보자.

먼저 평면 형태로 분류하면 방형의 평면을 가진 것이 대부분이며 6각형, 8각형의 평면이 있으며 드물게 7각형의 평면도 있다.

방형 평면의 정자를 다시 세분하면 정면 1칸×측면 1칸에서 크게는 정면 7칸×측면 3칸에 이르기까지 다양한 예를 보인다. 이 중 가장 많은 예가 정면 1칸×측면 1칸이며 정면 2칸×측면 2칸, 정면 3칸×측면 2칸의 예도 상당수 있으며 다른 평면 규모는 비교적 작은 편이다.

형태로는 팔작지붕이 가장 많고 모임지붕의 예도 상당수 있으며 드물게는 정자(丁字)형 맞배지붕도 있다. 그리고 좀더 세부적인 가구(架構) 양식을 살펴보면, 비교적 간편한 구조인 민도리 소로수장 양식, 익공 양식이 대부분이다. 아주 특수한 예로는 다포 양식(궁궐 등에 있는 정자)의 정자도 있다.

그 재료 또한 기와, 볏짚이 주를 이루고 시기가 내려올수록 함석 등 다양한 재료의 선택도 살펴볼 수 있다.

또 개구부는 완전히 개방된 것이 대부분이며 일반적으로 난간도 설치되어 있다. 이 난간 양식도 다양하여 계자난간, 평난간 등이 가장 흔하고 극히 특이한 양식도 더러 있다. 정자의 바닥은 거의 마루를 깔았으며 흙바닥, 전바닥도 있다.

배치

정자의 배치는 기본 건축물에 부수된 하나의 건물로 건축하는 경우와 독립된 단일 건물로 건축하는 경우 등 그 성격에 따라 배치 형태에도 차이가 있다. 정자 자체가 풍류의 장이고 정서적 휴식을 강조하는 공간이므로 자연의 경관을 고려하거나 주위 경관과의 조화를 이룰 수 있는 입지 조건에 따라 배치되어 있다. 소규모 건축물인 정자는 일반적으로 전망이 좋은 강가나 언덕 또는 산골짝의 냇가에 세우는 경우가 많고 정원 시설의 일부로 배치되는 것도 있다.

이와 같은 정자의 배치 형태를 보면 크게 4가지로 나눌 수 있다. 곧 강이나 못가, 산마루나 언덕 위, 집 안에 배치되는 형태이다. 이 중 인위적인 요소가 강하게 나타나는 주택 정원이나 별당 정원의 한 요소로 건립되는 경우는 인공성이 강조된 공간 처리를 하고 있는 것이 특징이다.

또 배치는 그 방위성에 구애되지 않는다. 다른 건축물이 대부분 남향하고 있는 데 반해 정자는 특히 어느 쪽으로 위치되어야 한다는 법칙이 없다. 배경과 경관을 바라보기 위해서는 꼭 건물이 남향으로 위치하여야 할 필요가 없기 때문이다. 정자가 위치한 곳에 따라 분류해 보면 대개 다음과 같다.

강이나 계곡에 있는 정자(江溪沿邊形)

강이나 계곡 등에 가까이 위치한 정자의 형태이다. 계곡의 경치를 한눈에 볼 수 있고 백사장 등의 광활함을 바라볼 수 있으며, 특히 물에 비친 달 그림자를 감상하는 등 서정적인 공간에 이를 수 있는 지점에 배치한다.

못에 세운 정자(池邊形)

자연적인 못이나 인공적인 연못에 설정되는 정자이다. 이런 정자는 못의 한쪽가나 중앙에 세워 물과 주변의 공간과 조화를 이룰 수 있도록 배치한다.

산마루나 언덕 위에 세운 정자(山頂形)

산의 정상이나 중턱 또는 높직한 언덕 위에 위치하여 주위의 숲과
멀고 가까운 경관을 바라보기 좋은 위치에 배치된다. 간혹 망루
(望樓)의 역할을 하는 경우도 있다.

집 안에 세우는 정자(家內形)

이 경우는 일반적인 주택보다는 별서(別墅)의 성격을 띤 주택에
나타나는 경우이다. 전원을 중심으로 한 생활 공간에 달아 댄 경우
가 많다. 주변 전원의 풍요로움을 바라본다는 의미도 있겠으나 집회
장소로서의 성격도 있다.

강이나 계곡에 있는 정자

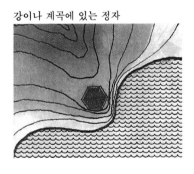

못에 세운 정자

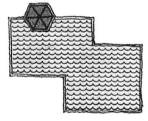

산마루나 언덕 위에 세운 정자

집 안에 세우는 정자

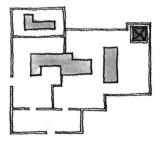

조경

한국 정자의 조경은 자연적인 숲이나 주변 환경 요소인 냇물이나 강 등을 자연적인 상태 그대로 받아들여 하나의 외부 공간을 형성하는 경우가 많다. 서양의 조경이 인위적이고 기하학적인 것과는 달리 일반적으로 한국의 조경은 본래의 자연 형태가 그대로 주변의 조경 요소로 이용되었다. 이는 자연숭배사상 등에 바탕을 두고 있다고 보아야겠다. 간혹 시대의 흐름에 따라 이러한 조경 공간을 인위적인 방법으로 집 안에 끌어들이는 경우도 있으나 예로부터 정자는 위락과 조망을 위한 휴식 공간이었기 때문에 주위의 경관과 주어진 자연 상태 그대로 구성되는 것이 보통이다.

「고려사」의 의종 21년조에 다음과 같은 기록이 있다.

"泛舟衆美亭南池, 酣飮極歡, 先是淸寧齊南麓, 構丁字閣,

扁回衆美亭, 亭之南澗, 築土石貯水, 岸上作茅亭."

이 글로 보아 물을 막아 못을 만들고 배를 띄워 놀 수 있는 호수의 축성이나 언덕 위에 정자를 세우는 것은 자연에서의 풍류와 관망 등을 위한 하나의 조경 행위라고 볼 수 있겠다. 또한 이 글에 나타나는 중미정이나 모정은 자연 속의 중요한 요소로서 자리잡고 있었던 것 같다.

직선적이고 윤곽적인 처리에 의해 이루어지는 한국의 조경은 그 주위를 형성하는 수목에도 많은 배려가 있었다. 수목에 인위적인 조형 처리를 하지 않고 자연스럽게 자라는 형태로 이끌며 사철의 변화에서 주는 자연의 색상으로 구조의 단순함을 보완하였다.

또 홍만선의 「산림경제」에 의하면 조경 식물은 대부분 대나무나 소나무 등의 10장청(長靑) 곧 푸른색을 띠는 사철 식물이며 여기에 계절 따라 색상이 변화하는 43가지의 수종인 장미, 백일홍, 목련, 매화 등의 식물도 그 변화를 주는 조경 식물로 삼았다고 한다.

정자의 건축 계획

평면

평면의 유형은 주변 환경과의 조화, 기능, 수용 등의 여건에 따라 다양한 변화를 줄 수 있다. 방과 방의 연결일 경우에는 많은 제약을 받으나 정자는 단일 건물이므로 평면 구성을 비교적 자유로운 형태로 할 수 있다. 외부의 독립 공간으로서 주위 환경과의 조화를 위해 한옥의 일반적인 평면 형태인 칸(間)의 형식에서부터 정(丁)자형이나 아(亞)자형의 평면까지도 시도하고 있다.

또한 수원의 방화수류정과 같은 다각형의 평면 구성도 있다. 일반적인 형식인 정면 1칸, 측면 1칸의 형식에서부터 시작되는 정사각형이나 직사각형의 평면 구조에는 보통 중도리 부분에서 외목도리 사이는 툇간이라는 형식으로 사면을 장식하고 있는 것이 특징이다. 그리고 이 툇간이 끝나는 외부에 난간을 두어 평면의 끝임을 상징적으로 표현하고 있다. 곧 외부 공간으로서의 안과 밖이라는 구분을 벽이라는 막힘을 배제한 공간 처리를 하고 있다.

아자형의 평면은 매우 특이한 평면 형식이다. 이것 역시 툇간이라는 평면을 달아 두고 있으며 단순한 4각형 평면에 변화를 주어 기하학적으로 처리한 것이다. 이 밖에도 6각, 8각형의 평면도 있으나 흔하지는 않다. 이러한 평면은 원거리에서도 쉽게 알아볼 수 있는 지붕 구조를 매우 특이하게 하는 요인이기도 하다.

구조

정자의 초석은 격식 있는 건축물에 두는 가공된 초석과는 달리 자연 암반이나 자연 초석 위에 세워지는 것이 상례이다. 그러나 누마루를 달아 대는 상층 구조의 경우에는 가공된 장초석을 모양 있게 사각이나 원형 또는 6각형 등 그 형상을 달리하고 있다. 초석의 위치는 건축 구조상의 평면 형태 또는 건축 목적에 따른 기둥 배치와 밀접한 연관이 있다.

축부인 기둥은 각기둥과 원형 기둥으로 지붕 구조를 받치고 있다. 이와 병행하여 기둥 하부에는 마루 구조를 형성하고 그 위에 난간을 둘렀다. 기둥머리 부분은 일반적으로 민도리 형식으로 처리했으며 규모가 큰 정자의 경우에는 기둥머리를 익공계 양식으로 하기도 했다.

정자의 가구 구조에는 일반적으로 가구 구성의 기본이 되는 3량집의 작은 건물로부터 건물의 규모에 따라 큰 량을 두고 있는 건물도 있으나 보통 5량집 구조의 정자가 가장 흔하다. 입면(立面)의 구조는 대개 문이나 창이 있는 경우가 그리 흔치 않으나 건물의 용도와 성격에 따라 때로는 들창이라는 창문 형태로 기둥과 기둥 사이를 막기도 했다. 그러나 이 들창은 모두 열었을 때 정자가 지니는 본연의 개방 공간 역할을 하는 이중성 차단막이기도 하다.

바닥

정자의 바닥은 마루틀인 동귀틀과 장귀틀을 짜고 그 사이에 장청판이나 단청판으로 구성하는 우물마루를 주로 사용했다. 그러나 바닥은 역시 정자의 평면 형태에 따라 여러 가지이다. 따라서 8각형, 6각형, 정방형, 4각형 등의 바닥은 평면과 매우 밀접한 관계에 있다. 그 분할과 단이란 차이를 두어 위계성을 둘 수 있는 요소이기도 하다. 예를 들어 경남 함양군의 거연정 바닥은 중앙에 층을 두고 새로운 실(室)의 구성을 두어 위계적 또는 상징적 공간을 위한 바닥 공간을 구성하기도 했다.

일반적으로 정자의 바닥은 두 가지 형태로 구분된다. 지면으로부터 동바리, 멍에, 장선 등으로 구성되는 표상(表上) 바닥이거나 한 층 또는 반 층 높이의 기둥을 달아 마루를 구성하는 누마루 형식이다. 정자의 바닥은 외부 공간과 내부 공간을 연결하는 개방된 매개 공간으로 연결되어 있어 차단된 실(室)의 공간이라기보다는 오히려 열려 있는 실의 단일 공간 바닥으로서 의미가 더 크다고 할 수 있다.

천장

정자의 천장은 연등천장과 빗천장으로 크게 구분할 수 있다.

서까래 사이를 앙토한 모양대로 두는 연등천장은 정자 건축에서 가장 보편적인 처리 방법이라 하겠다. 정자 자체가 격식을 요구하는 권위적인 건축도 아니고 상징적인 건축이 아니므로 천장의 처리는 매우 간략하게 되어 있다. 우물천장 등과 같이 반자로 처리하지 않은 것은 연등천장 자체가 본래 자연과 조화되는 개방 공간이라는 정자의 성격과 잘 어울리기 때문이기도 하다. 자연스러운 서까래의 노출과 부드러운 앙토의 재질이 대조를 이루어 시각적인 면에서 이상적인 결합이라 하겠다.

또한 빗천장의 경우는 일반 살림집에서는 볼 수 없는 구조이다. 초정(草亭)이나 누정(樓亭)에서는 흔히 볼 수 있는 구조인데 서까래와 평행되는 경사로 쪽널빤지를 사용하여 구성하는 단순한 형태의 천장 처리 방법이다. 이러한 천장 구조에는 중도리 안쪽 부분을 우물천장이나 연등 상태 그대로 두는 경우가 흔히 있다.

난간

시각적 연속성 또는 주위의 자연 배경을 그대로 포용할 수 있는 정서와 휴식을 목적으로 하는 소규모의 정자 건축에서는 자연과의 조화를 이루는 조형과 개방, 연속성을 필요로 한다.

정자는 내부 공간과 외부 공간을 연결짓는 연결체적 구조물이므로 공간의 차단을 극도로 배제하고 있다. 그래서 난간의 설치는 막힘과 열림의 연속적인 건축 입면으로 형성되며 시각적 아름다움을 강조하고 있다. 난간이 설치되는 주공간은 성격에 따라 형태와 구조를 두 가지로 대별할 수 있다. 평난간은 걷거나 움직이는 동선 위주의 공간에 가설되며 계자난간은 공간의 연속, 시각의 연속을 요구하는 정적 공간에서 안정 보호를 위한 시설을 부과한 형태이다. 특히 계자난간은 움직이는 과정이 아닌 정지된 상태에서 걸터앉거나 기대어 주위 공간을 포용하고 조망하기 위한 개방 중립적 기능으로 이루어진다.

정자의 난간은 그 구조 자체가 갖는 조형성(곡면의 난간대와 추상적 조형인 하엽, 직선의 띠장 등)뿐만 아니라 건물 전체의 조형

미를 이끌어 가는 부분이며 더 나아가 공간 연출에 따른 이상적인 시각 예술이기도 하다.

장식

정자는 소규모 건축이므로 많은 의장적 요소를 지니고 있지는 않으나 현판이나 주련, 낙양, 난간의 하엽무늬 단청 등으로 치장하고 있다.

정자에 걸맞는 시구(詩句)를 새긴 주련을 정자 기둥에 달거나 정자의 성격을 단적으로 표현하는 정자의 이름을 새긴 현판을 걸기도 한다. 이런 현판의 글(정자의 이름)은 그 정자가 주는 정취를 쉽게 알 수 있는 뜻이 함축된 어휘이다. 이 현판의 둘레를 당초문이나 초각 등으로 초새김하여 단조로운 가구체를 치장하기도 한다. 곡선을 연속적으로 초새김한 낙양이나 하엽 역시 직선 또는 수직, 수평적인 기둥이나 난간의 단조로움을 덜기 위한 변화의 요소이다. 이런 초새김한 파련이나 연꽃 등은 시각적인 단순함을 보완해 준다. 이 밖에도 단청이라는 색의 치장으로 건물을 아름답게 꾸미기도 한다.

지붕

외관상으로 많은 의장적 요소를 주는 정자의 지붕은 초가지붕의 초정에서부터 팔모지붕, 다각지붕 등 많은 형태가 있다. 초가지붕의 경우는 전원의 소규모 정자 건축에서 볼 수 있으며 거의 대부분이 1×1칸의 단순한 형식이다. 또 평면의 형태가 2칸, 3칸의 비교적 큰 형태의 정자는 대개 맞배지붕보다는 팔작지붕인 경우가 많다. 이는 정자 건축의 격상을 위한 상층부의 의식적 요소이기도 하다. 왜냐하면 정자는 그 지역의 상징적 건물이라는 쉽게 구별되는 장소성이 있기 때문이다.

사모지붕이나 육모지붕 그리고 다각지붕 형태인 정자는 절병통이라는 옹기 모양이나 쇠붙이로 만든 조형물을 지붕이 모이는 정상부에 장식하여 지붕의 의장성을 더욱 높이고 있다.

누마루의 상징성

전통적인 한옥의 마루라는 공간은 누마루가 온돌과 결합된 특이한 구조이다. 그래서 전통 서민 주택 안의 마루 공간은 개방되어 있으면서 신성한 공간인 동시에 과시적인 전시 공간이기도 하다.

농촌이나 도시를 막론하고 서민 주택에선 온돌이라는 주된 주거 공간과는 이질적인 소재인 마루, 더구나 상류 문화 계층의 주택에서는 마루 공간이 곧 권위적인 성격을 띠고 있어 대청이라 해서 그 주택의 중심적 위치를 차지하고 있는 공간이다. 이렇듯 대청은 주거 전체에 영향을 미치는 위치와 기능의 공간이다.

혹 많은 사람을 대접할 일이 생기면 온돌방에서는 답답하고 또 손님이 오래 머물기에도 조심스러운 공간이므로 마땅하지 않다. 그래서 대개 대청을 이용하지만 여유가 있다면 중심적 역할과 기능을 하는 대청이 아닌 별도의 공간을 갖는 것이 바람직하다. 그 별도의 공간은 곧 주택 안에서는 가장 상징적인 공간이며 마을에서는 권위와 상징성이 어우러진 과시적 기념물의 건물이 되기도 한다. 주택 안에서의 그런 공간이란 다른 방이나 마루 공간보다 돌출시키거나 높게 하여 만든 누마루다. 누마루는 주택 안에서 복잡한 동선이 구성되는 경우가 많다. 더구나 그 공간은 가장(家長)의 전용 공간으로서 위엄 과시의 공간이기도 하다.

내부에서는 대청을 지나서 한 부분을 돌출시키고 누마루의 높이도 대청보다 한 층 높게 만들기도 한다. 또는 온돌방을 지나서 툇마루나 아궁이 또는 부엌 윗부분을 높여서 만들기도 한다. 그래서 누마루는 외형적으로 대단히 높게 구성된다. 전남 구례의 운조루는 대청을 연장하여 바닥을 높이고 3면이 터진 공간이 되게 만든 대표적인 누마루다. 이와 같은 누마루는 사대부의 사랑채에서 많이 볼수 있다. 강화의 철종 생가(龍興宮)는 대청을 지나 안방으로 들어가서 다락으로 오르듯 올라가면 3면이 터진 누마루가 있다. 더구나 누마루가 있는 부분은 대지도 높아 시야가 좋다.

이와 같은 누마루들은 조선왕조의 상류 주택에서 많이 볼 수 있고 현존하는 것도 여럿 있다. 이러한 누마루는 산이나 들 또는 불가(佛家)에 있는 정자는 아니지만 상류계층의 주택 내부에 정자의 기능을 가진 공간 구조이다. 곧 누마루는 주택내의 정자 기능을 하고 있는 것이다. 따라서 누마루는 고급 공간이 되게 마련이며 그 누마루에 있는 사람 자신은 물론, 보는 사람도 건축적 연출과 누마루나 정자의 의도가 어우러져 세속을 떠나 자연과 동화되는 공간인 것이다. 이처럼 누마루의 의도가 일상 주거와 격리된 자연속에 동화된 존재라는 의식을 갖게 하는 건축적 연출이다.

누마루 공간 자체가 지면보다 훨씬 높아서 공중에 떠 있는 기분이된다. 더구나 연못이 앞에 있다면 마치 물 위에 떠 있는 착각을 하게되고 또 사방을 내려다볼 수 있어 우월성마저 느끼게 해주는 공간인 것이다. 그러나 누마루의 본래 의도는 그런 권위나 우월성에서 충족하자는 것은 아니다. 비록 세속에 살더라도 맑고 깨끗한 마음을 늘 지니고자 하는 차원 높은 철학과 이상이 깃들어 있는 것이다. 그런 점에서 정자나 누마루의 기능과 역할에 공통점이 있다.

정자의 일반화

한국의 전원은 사람을 압도시키는 풍경은 아니다. 자연 조건도 그렇거니와 농경 조건도 광활한 대지의 경작이 아닌 개인 능력의 한도내에서 주거와 농경이 밀착된 생활을 하고 있다. 그래서 이런 일상 생활이 자연 속의 모든 것을 직감하게 해준다. 그 결과 자연에 동화되어 자연의 아름다움을 즐기고 멋에 젖어 살아간다. 이는 곧 자연과 동화되는 방법을 자연스럽게 터득하고 자연이 주는 혜택에 만족할 줄 알고 자연의 시련에 순응하는 다소곳함을 말하는 것이 된다.

점심이나 새참을 들녘으로 가져간다. 엎드려 일하던 논과 밭을 내려다보며 출출해진 배를 채우는 것도 그 일터에서 한다. 가까운 느티나무 밑이나 그늘이 될 수 있는 장소에서 쉬기도 하고 허술하나마 시원한 원두막에서 식사를 하거나 한숨 돌리기도 한다. 이렇듯 농촌 서민들의 일터 가까이에 있는 원두막은 그들이 잠시나마 신선 놀음을 하는 곳이다. 풍류와 친교와 학문을 목적으로 하는 상류계층의 정자와는 거리가 먼, 들녘의 원두막은 생산을 위한 공간이다. 비록 정자의 모습을 제대로 갖추지는 못했으나 바쁜 일손을 멈추고 잠시나마 자연과 하나가 되고 자연에 순응하며 세속을 떠나 몸과 마음을 쉬게 하는 농민들의 선경인 것이다.

이제 농촌도 많이 변해 가고 있다. 아직 어려운 문제들이 남아 있긴 하지만 지난날의 가난에서 벗어나고 있다. 취락의 개선, 농경지 개발, 농경의 기계화, 소득 증대를 위한 특수작물 재배 등 재래식 농업 형태가 변해 가고 있다. 이렇게 변화된 전원 풍경 속에 하나씩 둘씩 새로운 농민들의 휴식처인 정자가 눈에 띄게 되었다.

이런 농촌형의 정자에서 연세 많은 분들이 부지런히 일하는 젊은 이들을 바라보며 환담하고, 마을 청년들이 개인과 마을의 장래를 의논하는 정경은 상류층의 정자 문화가 일반화된 일면이다.

도시에서도 마찬가지이다. 현대 건축의 상징인 고층 아파트 단지 에는 거의 정자가 만들어져 있다. 정자를 좋아하는 우리나라 사람들 심성의 발로이기도 하다. 이런 정자는 같은 구역에 거주하는 노인들 의 좋은 친교장이기도 하여 새로 조성되는 공원이나 위락 시설 등에 는 으레 정자가 만들어진다. 물론 이 중에는 상업용의 정자도 있긴 하지만 정자가 일반화된 것만은 사실이다.

이런 현상은 일시적인 유행이 아니라 오랜 역사 속에, 또 우리 민족의 심성에 투영되었던 정자가 표출된 현상이라고 할 수 있겠 다. 그만큼 우리 민족과 정자는 밀접한 관계였으며 또 우리만이 느끼고 즐기는 문화 공간인 것이다.

정자 조영의 예

애련정(愛蓮亭)

창덕궁 후원내, 숙종 18년(1692) 창건

주합루 후정 돌계단에서 보이는 방형의 연못 북쪽에, 물에 떠

있듯이 서 있는 정자가 애련정이다. 정면, 측면 각 1칸인 이 정자는
절반이 석축한 연못 가장자리에 걸쳐 있고 나머지 반은 애련지 안에
세운 사각형 주초석에 걸쳐 있는 형태이다.

능허정(凌虛亭)

창덕궁 후원내, 숙종 17년(1691) 창건

창덕궁 후원의 반도지(半島池)에서 서북쪽으로 나 있는 숲속의
작은 길을 따라 오르면 후원내에서 가장 울창하고 적막한 곳에 이르
게 된다. 이곳에 위치한 청심정에서 역대 임금의 어진(御眞)을 모신
신선원전(新璿源殿)으로 향하는 언덕 위에 위치한 정자가 능허정이
다. 숙종 17년에 세워진 이 정자는 정면, 측면 각 1칸의 규모로 장식
이 완전히 배제된 소박한 정자이다. 바닥은 후원내의 다른 정자와는
달리 방전(方塼)을 깔았으며 홑처마, 사모지붕으로 지붕 위에는
화강암으로 조각한 간결한 모양의 절병통이 놓여 있다.

능허정 평면도

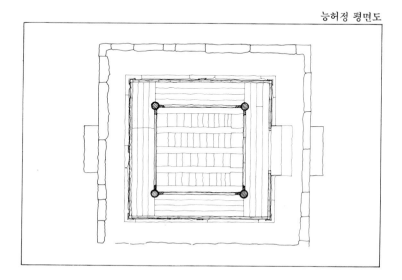

태극정(太極亭)

창덕궁 후원내, 인조 14년(1636) 창건

소요정의 북쪽에 있는 이 정자의 서쪽에는 작은 못과 청의정이
있다. 인조 14년에 창건된 것으로 본래는 운영정(雲影亭)이었으나
후에 태극정으로 이름을 바꾸었다.

정면, 측면 각 1칸의 정방형 평면에 사모지붕을 하였으며 지붕의
꼭대기에 절병통이 있다. 정자의 사면에는 들쇠가 있어 문을 개방할
수 있으며, 주위의 툇마루에는 평난간을 둘렀다. 작은 규모지만 고고
한 기풍은 청의정과 대조를 이루어 조화미를 보여 준다.

소요정(逍遙亭)

창덕궁 후원내, 인조 14년(1636) 창건

창덕궁 후원 동북쪽, 가장 깊숙한 곳으로 옥류천을 따라 거닐면
취한정의 약간 서쪽으로 숲속에 있는 정자이다. 1636년 인조의
어명에 따라 옥류천 계원(溪苑)을 조영했을 당시에는 탄서정(歎逝
亭)이라 불리웠으나 뒤에 소요정으로 개명하였다.

정면, 측면 각 1칸인 단층 사모 기와지붕 형식으로 창덕궁 후원내
의 다른 정자에 비해 비교적 평범하며 소박한 모습이다. 옥류천의
풍취를 즐기기 위해 건립된 정자이다.

청의정(清漪亭)

창덕궁 후원내, 인조 14년(1636) 창건

옥류천 주위에 소요정, 태극정과 함께 지어진 이 정자는 초가지붕
의 소박한 모습이다. 이곳도 후원 안에서 가장 깊은 공간으로 석구
(石溝)를 따라 흐르다 아래로 떨어지는 옥류천의 물소리가 공간의
심연성을 배가시켜 준다.

단순한 방형의 평면에 8각으로 지붕의 형태를 구조하여 위에

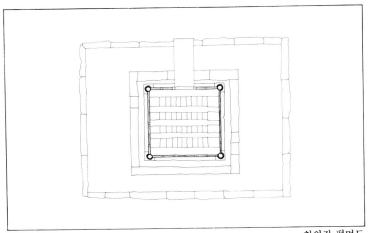

가느다란 서까래를 삿갓 모양으로 가볍게 얹어 지붕을 이루고 있
다. 이는 천원지방(天円地方), 즉 하늘은 둥글고 땅은 네모지다는
전통적인 심오한 철리(哲理)를 상징하는 조형이다.
　또한 농군들의 삶을 이해하기 위해 정자 앞의 논에는 벼를 심고,
그 짚으로 해마다 지붕을 이었다고 한다. 백성을 생각하는 임금의
충정을 엿볼 수 있는 궁중의 유일한 초가지붕이기도 하다.

승재정(勝在亭)
창덕궁 후원내, 조선말 창건
　연경당 후정의 농수정(濃繡亭) 옆 샛문을 지나, 내리막길 옆 무성
한 숲으로 둘러싸인 언덕 위에 서 있다. 언덕 아래 동쪽의 관람정과
반도지를 사이에 두고 자리잡은 승재정은 앞쪽에 놓인 아름다운
괴석, 울창한 숲과 어울려 자연과 동화된 듯한 모습이다.
　정면, 측면 각 1칸 규모에 원기둥을 사용하였으며 사방에 모두
사분합문을 단 것이 특징이다. 겹처마 사모지붕인 승재정의 건립

연대는 정확히 알 수 없으나 「동궐도」에는 초정이 있는 것으로 보아 조선 말기에 건립된 것으로 추정된다. 주변 경관과 연관지어 완상을 위해 지어진 정자이다.

존덕정(尊德亭)
창덕궁 후원내, 인조 22년(1644) 창건

반도지 북쪽 약간 높은 곳에 놓인 아치형 석교로 연결된 조금 작은 연지인 반월지(半月池) 안에 일부가 잠겨 마치 물에 떠 있듯이 서 있다. 육각형이며 언뜻 보기에 중층 건물로 보이지만 실제로는 육각형 본건물 외곽에 따로 지붕을 만들어 툇간(退間)을 설치하고 단청을 한 단층 육모지붕의 정자이다. 관망을 위해 건립되었다.

취한정(翠寒亭)
창덕궁 후원내

옥류천 입구에 위치한 이 정자는 소요하던 왕이 어정(御井)의 약수를 든 후, 귀로에 잠깐 쉬어갈 수 있는 곳으로 건립 연대는 확실지 않다. 주변의 울창한 산림과 옆을 흐르는 물소리는 마음을 정리하기에 적합한 곳이다. 정면 3칸, 측면 1칸의 장방형 평면이며 중앙 칸을 넓게 했다. 2단의 장대석 기단 위에 팔작지붕을 이었으며 단청을 하여 단정한 느낌을 준다.

취규정(聚奎亭)
창덕궁 후원내, 인조 18년(1640) 창건

옥류천 남쪽 언덕 위에 위치한 이 정자는 정면 3칸, 측면 1칸 규모이다. 안에는 마루를 깔고 천장은 우물천장으로 하였으며, 전면의 중앙 칸 외에는 모두 난간을 둘렀다. 익공식 구조와 팔작지붕을 선택한 대체로 간단한 구조이다.

부용정(芙蓉亭)

창덕궁 후원내, 숙종 18년(1692) 창건

창덕궁 후원의 가장 중심적 위치에 있는 이 정자는 앞에 방형의 못을 파고, 그 연지 가운데에 가산(假山)을 만들어 주변 지형과 아름다운 조화를 이루고 있다. 부용정과 가산을 잇는 축 선상에는 어수문이 있고, 다시 계단을 오르면 언덕 위에 중층의 주합루(宙合樓)가 있어 정적 균형을 이루고 있다.

건물은 십자형 평면에 아자형으로 남쪽이 다각화(多角化)된 매우 특이한 구성이다. 연지에 2개의 다리를 드리워 마치 물 위에 뜬 형상이며 계자난간에서 이어지는 다각형의 지붕선과 뛰어난 조화미를 보여 준다. 정자 사면은 각기 다른 창살로 된 사분합문을 달아 필요할 때 뗄 수 있게 했다. 난간의 구성, 각기 다른 창살의 무늬 등 많은 변화를 주고 있지만 전체적으로도 조화를 이루는 훌륭한 건축물이다.

부용정 평면도

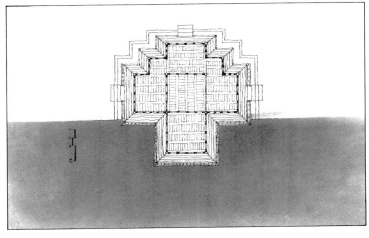

관람정(觀纜亭)
창덕궁 후원내, 20세기초 건립

반도지 동쪽에 면한 관람정은 정자의 일부가 연지 안에 놓인 주초석 위에 있어서 마치 물 위에 떠 있는 듯한 느낌을 준다. 부채꼴 평면은 국내 유일의 평면 형태이다. 6개의 원기둥을 세우고 기둥 사이에 낙양각을 달았으며 방형 서까래를 이은 홑처마의 지붕 구조이다. 여섯 개의 추녀마루 중 3개씩 모이는 위치에 용두를 설치하였다.

구한말 일제 초기에 한반도 모양의 반도지와 함께 건립된 것으로 알려진 관람정은 당시의 절박한 소망이 담겨져 있는 정자이다.

향원정(香遠亭)
경복궁 후원내

건청궁(乾靑宮) 남쪽에 연지를 파고 못 안에 인공의 섬을 만들고 그 위에 세운 육각형의 중층 건물이다.

네 모서리를 약간 둥글게 한 방형의 연지 안에는 연꽃과 수초를 심었으며, 섬 안에도 많은 나무를 심어 자연스럽게 조경했다.

본래 향원정의 다리는 북쪽에 있어서 건청궁 쪽에서 건너게 되어 있었으나 1953년 현재 위치로 옮겨졌다. 비록 작은 규모지만 견실한 구조와 유려한 짜임은 하나의 예술품이며 정자 자체의 아름다움뿐 아니라 주변의 뛰어난 경관을 즐기기에 적합하다.

함인정(涵仁亭)
창경궁내, 인조 11년(1633) 이건

창경궁의 정전인 명정전 서쪽 널찍한 마당 북쪽에 면해 있는 정자로 인조 11년 인경궁에 있던 함인당을 옮겨 짓고 함인정이라 이름하였다.「궁궐지(宮闕志)」에 의하면 과거에 급제한 선비들을 접견하

함인정

기도 했던 곳이다.

정면 3칸, 측면 3칸의 겹처마 단층 팔작지붕이다. 마루를 깐 바닥의 높낮이 차이로 내부 공간의 위계를 상징적으로 표현하고 있다. 기둥은 모두 각주(角柱)이며 4개의 고주로 구획된 내진 부분을 외진 부분보다 한 단 높게 올려 자연스럽게 위계를 나타내고 있다. 자연 속에 묻혀 있는 일반 정자와는 달리 많은 전각들 사이에 있는 것이 특색이기도 하다.

세검정(洗劍亭)

서울 종로구 신영동 168-6, 1748년 창건, 1977년 복원

세검정은 나라의 정자로서 역대 임금이 총융청에 관병(觀兵)하러 행차할 때 으레 쉬던 곳이다. 영조 23년(1748)에 창건되었으나 1941년에 불에 타 없어진 것을 1977년에 복원하였다.

계곡의 자연석 암반 위에 바위의 생김새에 따라 초석과 기둥을 세우고 지붕을 얹은 丁자형 정자이다. 정면 3칸, 측면 1칸의 평면에서 엇칸이 계류 쪽으로 1칸 돌출되어 丁자형을 이루고 있다. 바닥은

마루를 깔고 주변에 나지막한 평난간을 둘렀다. 4면이 완전 개방되어 있으며 겹처마 팔작지붕으로 치켜 올라간 지붕 끝은 경쾌한 느낌을 준다.

전체적으로 작은 규모에 알맞은 부재를 사용하고 있으며 丁자형 평면에서 맞춘 팔작지붕의 선이 정자 건축의 아름다움을 보여 준다.

방화수류정(訪花隨柳亭)
경기도 수원 수원성내, 정조 18년(1794) 건립

수원성을 쌓을 때 지어진 동북각루(東北角樓)이다. 방화수류정이란 이름은 송대 정명도(程明道)의 시 '雲淡風經午天, 語花柳過前天'에서 따왔다고 한다.

화홍문(華虹門)에서 성벽을 따라 동쪽으로 100미터 거리의 성 위에 있으며, 성 밖은 낭떠러지이고 그 밑에는 인공으로 연못을 파고 둥근 섬을 만든 용연(龍淵)이 있다.

중층 누각이며 땅에서 다섯 계단을 오르면 방형의 대가 형성되고 다시 다섯 계단을 오르면 누마루가 된다. 평면은 아자형이며 전면이

방화수류정

凸형으로 튀어 나와 사방을 바라볼 수 있게 했다. 아래층에는 전돌을 쌓은 홍예문(arch)이 있으며, 전쟁에 대비하여 전면에 총구를 몇 개 뚫어 놓았다.

난간은 건물과 평행으로 계자난간을 둘렀고 북쪽에만 평난간을 둘렀다. 계자난간은 윗부분에 하엽(荷葉)을 두르고, 아래에는 구름무늬를 두어 채색하였다. 성의 망루로 전시용 건물이지만 정자의 기능을 더하여, 격리된 장소에서 밑의 연못과 더불어 특이한 공간구성을 하고 있으며 건물에 곱게 단청을 입혀 아름답다.

기능에 적합한 평면과 다양한 지붕의 조형은 비원의 부용정과 더불어 아름다운 정자로 꼽힌다.

용흥궁(龍興宮) 누마루
강화도 강화읍 관청리 441, 1853년 창건
조선 철종이 왕으로 등극하기 이전에 살던 집이다.

좌우에 행랑채가 있는 대문을 들어서면 좌측에 사랑채와 사당으로 통하는 문이 있다. 문을 지나 계단을 오르면 ㄱ자형으로 된 사랑채가 있으며 누마루는 그 왼쪽 앞부분에 돌출되어 있다.

긴 방형의 돌기둥 위에 4각 기둥을 세우고, 바닥에는 우물마루를 놓았다. 지붕은 홑처마에 팔작지붕이며 3면에는 분합문을 달아 문을 열어 들어 올리면 누마루는 앞의 정원과 하나가 되게 했다. 머름대를 설치하여 난간을 대신했다.

이곳에서는 안채와 사당도 잘 바라볼 수 있어 지형 및 정원과의 구성 등에서 여가를 즐기기에 적합한 정자의 기능도 갖추고 있다.

소양정(昭陽亭)
강원도 춘천시 소양로 1가, 1966년 재건
전하는 말에 의하면 본래 이 정자는 이요루(二樂樓)라 하였으며 그 위치도 지금보다 낮은 소양강 남안에 있었다고 한다. 선조 38년(1605)에 유실된 것을 광해군 2년(1610)에 재건하고 인조 25년(1643)에 중수하였다. 정자 동쪽에 선몽당(仙夢堂)이 있었으나 정조 1년(1777)에 홍수로 유실되는 등 많은 우여곡절 끝에, 1966년 옛터에서 지금의 위치인 봉의산 기슭에 중층 누각으로 재건하였다.

뒤는 산의 원림이 가로막고 있으나 앞은 탁 트여서 소양강의 흐름과 넓게 펼쳐진 강변 그리고 평야를 바라볼 수 있다.

활래정(活來亭)

강원도 강릉시 운정동, 순조 16년(1816) 이후 창건

조선 후기의 전형적인 상류 주택으로 18세기초에 지어진 강릉 선교장에 부속되어 있는 건물이다.

본채의 바깥 마당 남쪽의 넓은 연당(蓮塘) 한쪽에 연못과 마을 그리고 본채를 한눈에 볼 수 있는 곳에 ㄱ자형 평면으로 세워져 있다. 활래정이란 이름은 주자(朱子)의 시구 가운데 '爲有源頭活水來'에서 따왔다고 한다. 야트막한 산기슭을 배경으로 하고 본채와 마찬가지로 허식 없이 소박한 구조와 양식으로 처리하여 자유스럽고 너그러운 분위기를 자아내고 있다.

의상대(義湘臺)

강원도 양양군 강현면 전진리 55, 1925년 건립

이 건물은 육각정으로 1925년 의상대사를 기리기 위해 낙산사의 동해안 절벽 위에 세운 것으로 1937년에 중수하였다. 뒤는 낙산사의 경내와 원림이 둘러 있으며 앞은 동해와 자연의 변화를 조망할 수 있다. 또한 낙산사 벼랑 밑의 홍련암 관음굴과 상응하고 있는 전망 좋은 정자이다.

관란정(觀瀾亭)

충북 제원군 송학면 장곡리 산14-2, 1963년 창건

수심이 비교적 얕은 냇가의 언덕 기슭에 있다. 옆에 있는 사방 1칸 규모의 추모 비각과 주변의 수목이 적절한 조화를 이루어 정적인 분위기를 자아낸다.

정면 3칸, 측면 3칸인 이 정자는 내부 공간을 두 부분으로 구획하여 공간내의 위계를 상징적으로 표현하고 있다. 원주(圓柱)로 구획된 외진 부분은 바닥을 강회로 마감하였으며, 이보다 한 단 높은 내진 부분은 4개의 각주로 구획하고 바닥에 마루를 깔아 높은 위계를 상징적으로 표현하였다. 간단한 가구 구조인 겹처마 팔작지붕으로 석난주색과 백색만으로 칠을 하여 더욱 차분하고 소박한 느낌을 준다.

세심정(洗心亭)

충북 영동군 삼촌면 임산리 43-1, 조선 중기

임산부락 북쪽의 산기슭에 있는 육각정으로 주위의 울창한 원림

관란정

과 절벽이 있는 원림 중심의 정자이다.

이 건물은 삼괴당(三槐堂) 남지언(南知言)이 을묘사화 때 은둔하기 위해 지은 것으로, 초당에서 학문과 숭덕학도의 실행으로 일생을 보낸 은사들을 본받아 세심정이라 편액하였다고 한다.

육각형 평면이며 기둥 밖으로 툇간을 달고 난간을 둘러 공간을 구성하여 확 트인 전경을 더욱 가까이 느끼게 하고 있다.

추월정(秋月亭)

충북 청원군 미원면 옥화리, 임진왜란 때 창건

비교적 폭이 넓은 강가에 있으나 얼른 눈에 띄지 않을 정도로 주위의 수목이 울창한 숲을 이루고 있다.

정면 3칸, 측면 2칸의 팔작 기와지붕이다. 임진왜란 때 이득철(李得澈)이란 사람이 피난차 낙향하여 풍치 좋은 이곳 옥회대(玉膾

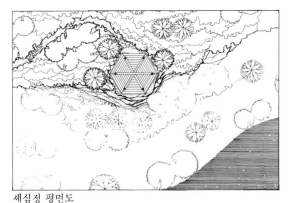

세심정 평면도

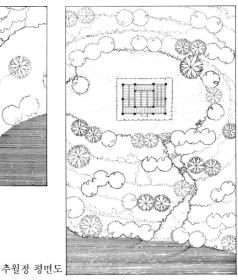

추월정 평면도

臺)에 세운 것으로 그 후 수차에 걸쳐 중수가 이루어졌다. 건축의 세부는 훌륭하다고 볼 수 없지만 주변의 다른 정자에 비해 많은 사람들이 지금도 이용하고 있다.

백석정(白石亭)
충북 청원군 낭성면 관정리, 1680년 창건

미원(米院)으로 향하는 도로변에 있다. 앞에는 맑은 물이 흐르고 뒤는 울창한 숲으로 덮인 언덕 위의 기묘하게 돌출한 바위에 세운 정자이다.

정면 2칸, 측면 1칸의 비교적 작은 규모의 이 정자는 1680년 전생서(典牲署) 직장(直長)이던 신각(申瀷)이 풍류 관망을 위해 건립한 것으로 영조 13년에 1차 중수, 1986년 가을에 2차 중수를 했다. 건축 자체는 뛰어났다고 볼 수 없으나 전형적인 풍류 관망을 위한 정자이다.

백석정 평면도

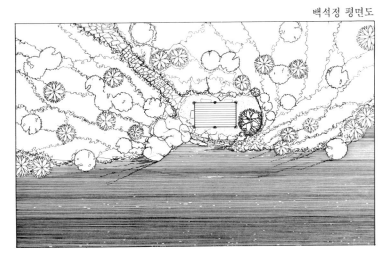

경호정

경호정(景湖亭)

충북 음성군 음성읍 읍내리 817, 1934년 창건

돌다리로 연결된 연못 중앙의 섬 가운데에 있다. 맑고 푸른 물과 주위에 늘어진 버드나무를 배경으로 한 단아한 모습의 이 정자는 진입 동선을 돌다리라는 공간과 공간의 연결체로 구성하고 있다. 정면 2칸, 측면 2칸의 정방형 평면 구성이며, 읍민들의 휴식과 만남의 장(場)이라는 공간적 매개체로서의 기능을 하고 있다.

삼련정(三蓮亭)

충북 중원군 주덕면 덕봉리 322, 1930년 건립

한눈에 풍류 관망보다는 추모를 위한 건물임을 짐작하게 한다. 원래 철종 10년(1859)에 서당으로 건립된 것이었으나 그 후 추모를 위한 성격의 공간으로 변화를 주었다.

팔각형의 평면인 이 건물은 흔하지 않은 3단의 기단 위에 세워졌으며 투박한 듯한 기둥 사이에 낙양각을 달고 화려한 단청으로 구조

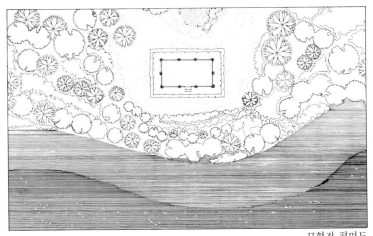

의 미약함을 보완하는 등 강한 장식성을 보여 준다.

모현정(慕賢亭)

충북 중원군 금가면 하담리 401-5, 순조 17년(1817) 창건

모현정이 있는 자리는 옛 문헌에 나오는 충주 팔경 중의 하나인 하담추월(荷潭秋月)이라 일컫던 곳이다. 가을 낮, 하소(荷沼) 앞 모현정 밑의 깊은 강물이라는 하담(荷潭) 위에 하얗게 뜬 달이 정자 옆 나무 사이로 비춰지는 경치를 일품이라 표현한 것이다.

그 옛날 가야금의 명수인 우륵이 즐겨 찾던 이곳에 순조 17년에, 풍류 관망보다는 선영을 추모하기 위해 건립한 정자이다. 지금도 매년 의식 절차에 따라 예를 올리고 있다.

정면 3칸, 측면 2칸의 팔작지붕 겹처마인 이 정자는 간결한 양식, 소박한 조형의 건축물이다.

독락정(獨樂亭)

충북 옥천군 안남면 연주리, 선조 40년(1607)

선조 40년에 주몽득(周夢得)이라는 선비가 풍류 관망을 위해 지은 누정이다. 정자 아래에는 맑은 강물이 흐르고 주위에는 바위와 숲이 어우러져 있어 자연과 잘 조화된 조경이 특이한 멋을 보여주고 있다. 산과 물이라는 자연 공간이 정면 3칸, 측면 1칸 반의 독립채를 압도하여 포용하고 있어 자연 속의 일체라는 느낌을 준다.

중앙을 방으로 꾸미고 좌우 앞에 반 칸의 퇴를 달아 동선을 연결 짓고 있다. 침식을 겸하게 할 의도가 있었다고 생각되며 이러한 기능은 일반 정자에서는 볼 수 없는 평면 유형이기도 하다.

독락정 평면도

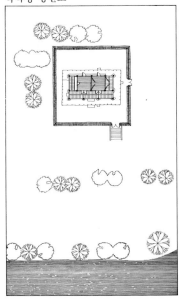

은산정 평면도

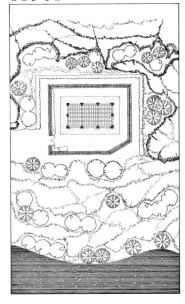

은산정(隱山亭)

충북 옥천군 청산면 교평리, 1975년에 창건

교평리에서 약간 떨어진 강가에 위치한 은산정은 이 마을에 거주하는 김상균(金尙均)이 옛 현인의 정신을 계승하고자 세운 정자이다.

1969년 5월에 기공하여 1975년 4월에 준공된 이 정자는 정면 2칸, 측면 2칸의 겹처마 팔작지붕이다. 가구 구조가 간단하고 소박한 정자이지만 이 지방 사람들의 유일한 집회 장소이다.

양신정(養神亭)

충북 옥천군 동인면 금암리, 순조 28년(1828) 창건

인종 원년(1545)에 전팽령(全彭齡)이 밀양 부사에서 물러나 독서와 휴식을 위해 창건하였다. 그 후로 병화에 의해 소실되었던 것을 순조 28년(1828)에 다시 재건한 것이다.

정면 3칸, 측면 2칸의 이 정자는 풍류 관망 기능과는 달리 독서와

양신정 평면도

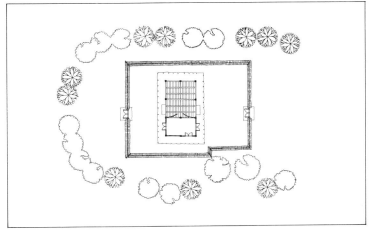

휴식을 겸한 강학의 성격을 띤 별서 건축이다. 따라서 평면 구성 역시 진입 동선에서 볼 수 있듯이 왼쪽 2칸은 방으로 구성하고 오른 쪽 4칸은 마루로 구성하여 일반 정자와는 다른 구조를 갖추어 정자 건물의 건축 목적이 다름을 나타내고 있다.

기국정(杞菊亭)
충남 대전시 동구 가양동, 17세기

효종 5년(1654)에 우암(尤庵) 송시열(宋時烈) 선생이 벼슬을 사양한 후 소제동에 소제방죽을 쌓고 못가에 세운 정자이다. 그러나 연못이 매몰된 후 현위치, 즉 선생이 제자들을 모아 학문을 강론하던 남간정사 안으로 옮겨 지었다.

연못을 면하여 배치되어 있으며 정면 3칸, 측면 2칸의 팔작 기와집이다. 본래는 초가지붕이었으나 선생의 장손 은석(殷錫)이 개수한 것이다.

백화정(百花亭)
충남 부여군 부여읍 쌍북리 산4, 1929년에 창건

백제의 고도인 부여의 상징적 명소인 낙화암 꼭대기에 세워진 정자이다. 낙화암 밑을 흐르는 백마강을 굽어보며 서 있는 육각형의 백화정은 백제 패망의 애달픈 한을 품고 죽어간 궁녀들의 원혼을 추모하기 위해 1929년, 당시 이곳 군수의 발의로 건립되었다.

겹처마 육모 기와지붕인 백화정의 건축 세부는 장소가 갖는 역사성과는 달리 소박하고 평범하여, 보는 이로 하여금 묘한 회한에 빠져들게 한다.

청암정(靑巖亭)
경북 봉화읍 유곡리, 16세기

유곡리는 안동 권씨의 집성촌인데 청암정은 이 마을의 입향조 (入鄕祖) 주택에 부속된 정자이다. 입향조 권발(權橃)은 중종 15년(1520) 사화에 연루된 후 이곳에 은거하여 도학 연구에 몰두하였으며 그 후 큰아들 권동보(權東輔)와 함께 이 정자를 지었다고 한다. 넓은 암반 위에 형세에 따라 기둥을 세워 지었으며 암반 주위를 물이 빙 돌아 흘러 자연과 인공의 조화가 돋보이는 건물이다.

평면은 丁자형으로 이 지역에서 쉽게 볼 수 있는 형태이며, 팔작지붕의 모서리에는 활주를 세워 사래를 받고 있다. 특히 주변의 농지가 한눈에 들어와 강학(講學) 시회(詩會)의 기능 외에도 전망을 즐길 수 있는 아름다운 건물이다.

독락당 계정(獨樂堂 溪亭)

경북 경주군 안강읍 옥산리, 16세기초

옥산 서원에서 계곡을 따라 들어가면 독락당이 있는데, 이곳은 회재(晦齋) 이언적(李彦迪)이 낙향한 후 머물던 곳이다.

계정은 독락당의 한 공간으로 계곡과 집 안을 이어 주는 역할을 한다. 개울가의 초석 위에 바위의 생김에 따라 각기 길이가 다른 누하주를 세우고 바닥을 마루와 방으로 구성하였다. 3칸, 1칸의 평면에 계곡 쪽으로 쪽마루를 내고 계자난간을 설치하여 경관을 즐기도록 하였다. 비록 홑처마 맞배지붕으로 단촐한 모습이지만 그 가구 수법과 뛰어난 위치적 특성은 당대의 건축술을 살필 수 있는 귀중한 자료이다.

관가정(觀稼亭)

경북 경주군 강동면 양동리, 1534년 창건

성종, 중종 때의 대학자인 우재(偶齋) 중돈(仲敦)의 고택이다. 사랑채와 안채가 문을 중앙에 두고, 좌우에 한 동씩 자리하는 식으로 처리했다. 기본적으로 ㅁ자 주택의 배치 구성이며 사랑채 끝에 2칸의 누마루를 구성했다. 외부에 면하고 있는 2면은 판문을 달고, 전면은 완전 개방한 형태이다.

이 누마루 전면에 현판이 붙어 있으며 전면과 측면에는 계자난간이 설치되어 있다. 이곳에서는 멀리 형산강과 마을 진입로를 비롯하여 넓은 지역을 한눈에 바라볼 수 있는 위치적인 특성이 있다.

무첨당(無忝堂)

경북 경주군 강동면 양동리 18, 1508년(보물 411호) 창건

건물의 평면이 ㄱ자형을 이룬 별당 건축으로 이언적의 종가 건물 중의 일부이다. 정면 5.5칸, 측면 2칸의 규모이며, 6칸 대청을 가운데 두고 좌우측에 온돌방을 배치하였다. 왼쪽 온돌방 앞에 2칸을 돌출시켜 누마루를 만들었는데 이 누마루는 여름철 주민의 주생활 공간이며 권위적 성격이 강하게 나타난다.

구조는 익공식이고 지붕은 홑처마 팔작지붕이다. 그 규모나 구성 방법은 별당보다는 사랑채에 가깝다.

심수정(心水亭)

경북 경주군 강동면 양동리 98, 1560년 창건

양동 마을의 오른쪽 산 언덕에 있는 ㄱ자 평면의 정자이다. ㄱ자로 꺾이는 부분에 넓은 대청을 놓고 그 옆에는 방들을 배치하였다.

가장 전면에 돌출된 1칸은 누마루로 구성하였으며 이곳에서 양동 마을 전체가 내다보인다. 누마루 3면은 계자난간을 시설하였고, 아무런 창호 없이 완전히 개방시키고 있다. 지붕은 홑처마 팔작지붕으로 세부 치목(治木)의 형태 및 전체적인 조형은 아름다운 비례를 취하고 있다.

부록

정자 일람

서울특별시

정자 이름	위치	참고 사항
觀纜亭	종로구 와룡동(창덕궁 후원)	부채꼴 평면
愛蓮亭	종로구 와룡동(창덕궁 후원)	숙종18년(1692) 건립, 1×1
淸漪亭	종로구 와룡동(창덕궁 후원)	인조14년(1636) 건립, 1×1, 草亭
勝在亭	종로구 와룡동(창덕궁 후원)	인조14년(1636), 1×1
凌虛亭	종로구 와룡동(창덕궁 후원)	숙종17년(1691) 건립, 1×1
聚奎亭	종로구 와룡동(창덕궁 후원)	인조18년(1640) 건립, 3×1
淸心亭	종로구 와룡동(창덕궁 후원)	숙종14년(1688) 개건, 1×1
太極亭	종로구 와룡동(창덕궁 후원)	인조14년(1636) 창건, 1×1
掛弓亭	종로구 와룡동(창덕궁 후원)	1×1
喜雨亭	종로구 와룡동(창덕궁 후원)	숙종16년(1690) 개수, 2×1
濃繡亭	종로구 와룡동(창덕궁 후원)	1×1
逍遙亭	종로구 와룡동(창덕궁 후원)	인조14년(1636) 창건, 1×1
尊德亭	종로구 와룡동(창덕궁 후원)	인조22년(1644) 건립, 6각형
芙蓉亭	종로구 와룡동(창덕궁 후원)	정조대 개건, 丁+亞자형
籠山亭	종로구 와룡동(창덕궁 후원)	연산군대 건립, 5×1
香遠亭	종로구 세종로1(경복궁)	고종대 건립, 6각형 중층
涵仁亭	종로구 와룡동(창경궁)	인조33년(1833) 건립, 3×3
洗劍亭	종로구 신영동 172-2	영조24년(1748), 丁자형 〈지기4〉
石坡亭	종로구 홍제동 125	대원군 별장 〈지유23〉
黃鶴亭	종로구 사직동 산1-27	1922년 이건, 射亭 〈지유25〉
龍驤鳳翥亭	관악구 본동 10-4	정조대 건립, 6×1 〈지유6〉

- 〈지유〉는 지방 유형문화재, 〈지기〉는 지방 기념물의 약자(略字)임.
- 참고 사항란의 1×1은 정면 1칸×측면 1칸의 약자임.

경기도

정자 이름	위치	참고 사항
山一亭	수원시 정자동 509	1925년 창건, 1×1, 팔작지붕
迎月亭	광주군 중부면 산성리 산29	1957년 건립, 1×1, 사모지붕
枕戈亭	광주군 중부면 산성리 산591-1	영조27년(1751) 중수, 7×3〈지유5〉 무기제작소로 사용
迎春亭	광주군 중부면 산성리 산156	1957년 창건, 팔모지붕
伴鳴亭	파주군 문산읍 사경리 190	1967년 개축, 2×2
花石亭	파주군 파평면 율곡3리 산100	1966년 복원, 3×2〈지유61〉
燕尾亭	강화군 강화읍 월곶이 242	영조20년(1744) 중건, 3×2〈지유27〉
澤升亭	양평군 용문면 저탄리 산175-3	세조6년(1460) 창건, 3×2
鳳凰亭	양평군 용문면 저탄리 산9	정조15년(1790) 중건, 3×3
鳳瑞亭	용인군 외서면 박곡리 500	1670년경 건립, 8각형

강원도

정자 이름	위치	참고 사항
昭陽亭	춘천시 소양로1가 산1	1966년 복원, 4×2
聚瀛亭	강릉시 강문동 산1	고종30년(1893) 건립, 3×2
五星亭	강릉시 노암동 140-2	1927년 건립, 丁자형〈지유47〉
鳴巖亭	강릉시 대전동	1921년 건립, 2×2
海雲亭	강릉시 운정동 256	중종25년(1530) 건립, 3×2〈보물183〉
放海亭	강릉시 저동 8	1859년 건립〈지유50〉
觴詠亭	강릉시 저동 18	고종23년(1886) 건립, 3×2
鏡湖亭	강릉시 저동 18-2	1927년 건립, 2×2
湖海亭	강릉시 저동 433	순조4년(1834) 중수, 2×2

君業峨洋亭	홍천군 화촌면 군업 2리 산297	1954년 중수, 2×2
雲岩亭	횡성군 횡성면 읍하리 산7-1	1937년 건립, 3×2
錦江亭	영월군 영월읍 영흥리 78	세종10년(1428) 건립, 4×3
觀潤亭	영월군 서면 후탄리	단종대 건립, 1×1
邀仙亭	영월군 수주면 무릉리 산139	1915년 건립, 1×1
南山亭	평창군 평창읍 상리 산26	1926년 건립, 3×2
淸潤亭	고성군 토성면 청윤리 81-1	1928년 재건, 3×2, 중층 〈지유32〉
天鶴亭	고성군 토성면 교암리 177	1931년 건립, 2×2
滄石亭	명주군 사천면 미노리	영조대 건립
優然亭	삼척군 북평읍 송정리	고종44년(1907) 중수
海岩亭	삼척군 북평읍 추암리 478	정조18년(1794) 중수
永慕亭	삼척군 북평읍	헌종14년(1848) 건립, 3×2
金蘭亭	삼척군 북평읍 삼화리 267	

충청북도

정자 이름	위치	참고 사항
暎湖亭	제천시 저산동 241	1954년 중건, 2×2
息波亭	진천군 진천읍 건송리	고종30년(1893) 중건, 2×2
百源亭	진천군 이월면 사곡리	조선말 재건, 2×2
慕賢亭	중원군 금가면 하단리 401-5	순조17년(1817) 건립, 3×2
三蓮亭	중원군 주덕면 덕연리 322	1930년 건립
月松亭	청원군 현도면 폐목리	조선 중기 건립, 3×2
止善亭	청원군 현도면 중척리	고종16년(1879) 개건, 3×2
務農亭	청원군 남일면 방서리	1949년 중건, 3×2
東皐亭	청원군 오창면 석우리	1950년 중건, 3×2
洗心亭	청원군 미원면 옥화리	1966년 중수, 3×2

秋月亭	청원군 미원면 옥화리	선조대 창건, 2×2
白石亭	청원군 랑성면 관정리	1986년 중수, 2×1
樂健亭	청원군 강외면 오송리	1915년 건립, 2×2
涵碧亭	청원군 미원면 운교리	1966년 중건, 3×2
洗心亭	영동군 상촌면 임산리 43-1	조선 중기, 6각형 평면
氷玉亭	영동군 양강면 남전리 산637	영조40년(1764) 창건, 2×2
三乎亭	영동군 양강면 묵정리 598	철종11년(1860) 건립, 2×2
如意亭	영동군 양강면 송호리 산280-1	1935년 건립, 2×2
枕江亭	영동군 용산면 시금리 5-3	1919년 이건, 3×2
彩霞亭	영동군 양산면 봉곡리 산37	1934년 재건, 3×2
鏡淮亭	괴산군 청천면 지경리	1962년 재건, 2×2
雲江亭	괴산군 문광면 흑석리	1956년 건립, 2×2
水月亭	괴산군 칠성면 사은리	1957년 이건, 2×2
愛閑亭	괴산군 괴산읍 검승리	광해군6년(1614) 창건, 6×2〈지유50〉
避世亭	괴산군 문광면 광덕리	조선 중기 재건, 3×2
一可亭	괴산군 연풍면 유하리	1913년 건립, 4×2
梅竹亭	괴산군 문광면 유평리	1935년 건립, 3×2
慕先亭	괴산군 연풍면 적석리 222	1940년대, 3×2
槐陰亭	괴산군 칠성면 사은리	1953년 중건, 4×2
孤山亭	괴산군 괴산읍 제월리 산59-1	선조29년(1596) 창건, 2×2〈지기24〉
四感亭	괴산군 소수면 수리 522	1933년 건립, 2×2
漱玉亭	괴산군 연풍면 신풍리	1960년 재건, 8각형
閑士亭	괴산군 승평읍 죽리	1965년 건립, 2×2
嵐波亭	괴산군 불항면 목도리	1901년 건립, 2×2
觀瀾亭	제원군 송학면 장곡리 산14-2	헌종11년(1845), 2×2
濯斯亭	제원군 봉양면 구학리 산224	1925년 재건, 2×2
四槐亭	보은군 보은읍 누저리 161	조선 중기, 2×2

成美亭	보은군 보은읍 장신리	1967년 건립, 3×2
景湖亭	음성군 음성읍 읍내리 817	1934년 건립, 2×2
養神亭	옥천군 동이면 금암리	순조28년(1828) 재건, 2×2 〈지기29〉
隱山亭	옥천군 청산면 교평리	1975년 건립, 2×2
獨樂亭	옥천군 안남면 연단리	선조40년(1607) 건립, 2×2

충청남도

정자 이름	위치	참고 사항
杞菊亭	대전시 가양동 67	효종대 건립, 3×2
翠白亭	대덕군 신탄진읍 미호리 188	숙종대 건립, 3×2
四觀亭	연기군 전의면 관정리 55	1962년 중수
望海亭	부여군 부여읍 동남리 산15	1957년 건립
百花亭	부여군 부여읍 쌍북리 산4	1929년 건립, 6각형
水北亭	부여군 규암면 규암리 56	광해군대, 3×2
餘何亭	홍성군 홍성읍 오관리 91	고종11년(1874) 건립

경상북도

정자 이름	위치	참고 사항
慕隱亭	경주시 황오동 138	고종 말엽 건립
月城金氏亭閣	경주시 탑동	조선 중엽 건립
臨海亭	경주시 인왕동 26	1926년 건립
德溪亭	경주시 남산동 1156-21	1953년 건립
晚香亭	경주시 덕동 215-1	1959년 건립
淸巖亭	경주시 천군동 676	1967년 중수
湖峰亭	경주시 천군동 676	1897년 건립

從吾亭	경주시 손곡동 33	숙종대 건립, 4×2
鳳舞亭	대구시 동구 봉무동 939	고종12년(1875) 건립
眠花樹亭	대구시 북구 동변동 234	순조28년(1828) 건립
喚惺亭	대구시 북구 서변동 881	1800년대초 이건, 3×2
景坡亭	구미시 남통동 24	3×5
棣薇亭	구미시 남통동	순조28년(1828) 건립, 3×3
如此亭	구미시 임세정	효종10년(1659) 건립
洛巖亭	안동군 풍산읍 단호동 2	문종 원년(1451) 3×2
枕流亭	안동군 풍산읍 하리동 5	세종대, 3×2
棣華亭	안동군 풍산읍 상리동447	1625~1673년 건립
三龜亭	안동군 풍산읍 소산동 88	연산군1년(1495) 건립, 3×2
枕洛亭	안동군 와룡면 조천동 385	현종13년(1672) 건립, 4×2〈지유40〉
濯淸亭	안동군 와룡면 조천동 385	명종13년(1558) 건립, 3×2〈지유26〉
楠臯亭	안동군 북후면 도촌동 329	조선말 건립, 3×2
鶴山亭	안동군 북후면 신전동 산28	1921년 건립, 3×2
巴山亭	안동군 풍천면 도양동 산3	1820년 건립, 1910년 재건, 3×2
翠潭亭	안동군 풍천면 구진동 385	조선 중기 건립, 4×4
市北亭	안동군 풍천면 구담동 469	임진란 이전 건립, 3×2
玉淵亭	안동군 풍천면 광덕동 18	1587년 건립, 4×3
翔鳳亭	안동군 풍천면 광덕동 1613	조선 영조대 건립, 3×2
蒼岩亭	안동군 풍천면 신성동 55	선조대 건립, 3×2
泥山亭	안동군 일직면 귀미동 706	1917년 건립, 1969년 이전, 3×2
四休亭	안동군 일직면 구미동 815	1921년 건립
漱玉亭	안동군 일직면 망호동 531	1660년 이후 건립, 1953년 재건, 4×2
履露亭	안동군 일직면 송리동 654	1927년 건립, 1955년 이전, 3×2
松陰亭	안동군 일직면 송리동667	1932년 건립, 1957년 재건, 3×2
洛浦亭	안동군 남후면 수하동 76-3	1923년 건립, 3×2

伴鷗亭	안동군 남선면 정상동 486	선조대 건립
漁隱亭	안동군 남선면 정상동 512	선조3년(1570) 창건, 3×2〈지유42〉
注源亭	안동군 남선면 정하동	1924년 이전, 3×2
晚愚亭	안동군 임하면 사의동 196	1857년 건립, 3×2
白雲亭	안동군 임하면 천전리 278	선조1년(1568) 창건, 3×2
晚休亭	안동군 길안면 묵계동 1064	연산군6년(1500) 건립, 3×2
藥溪亭	안동군 길안면 용계동 154	조선 후기, 3×2
松 亭	안동군 길안면 용계동 358	숙종26년(1700) 건립, 3×2
追慕亭	안동군 길안면 현하리 472-2	조선말 건립, 1924년 이전
東巖亭	안동군 임동면 수곡동 388	조선 중기 건립, 3×2
龍岩亭	안동군 도산면 서부동 195	1913년 창건, 3×2〈지유41〉
君子亭	안동시 법흥동 20	중종10년(1515) 건립, 2×2
太古亭	안동군 풍산읍 소산동 246	숙종4년(1678) 건립, 2×2
歸來亭	안동군 남선면 정상동 777	중종5년(1510) 건립, 2×2
白雲亭	성주군 금수면 봉두동	
雲川亭	경주군 강동면 양동리 361	3×2
觀稼亭	경주군 강동면 양동리 150	조선 중기, 2×1〈보물442〉
溪 亭	경주군 안강읍 옥산리 1600	
詠風亭	경주군 외동면 입실리	
敬菴亭	경주군 외동면 신계리	
龍潭亭	경주군 견곡면 하정리 산63	1945년 재건
悠然亭	경주군 강동면 왕신리 311	3×1
水雲亭	경주군 강동면 양동리	선조15년(1582) 건립, 3×1
三槐亭	경주군 강동면 다산리 532	임진란 이후
勸武亭	영일군 의창읍 남성동	숙종28년 창건, 1976년 복원
七印亭	영일군 의창읍 초곡동 825	
永慕亭	영일군 청하면 소동리 367	1926년 건립, 4×2

青鶴亭	영일군 청하면 청계1리	1686년 이후 건립, 4×4
花樹亭	영일군 기계면 봉계동 739	1770년경 건립, 3×2
鶴溪亭	영일군 기계면 계전동	3×2
龍溪亭	영일군 기계면 오덕동 180	명종 원년(1546) 건립, 5×2
四宜堂	영일군 기계면 오덕1동 306	명종 원년(1546) 건립
望美亭	청송군 청송면 월막동 183	1899년 건립, 3×2
碧節亭	청송군 청송면 덕동 56-1	선조대 건립, 4×2
方壺亭	청송군 안덕면 신성동 181	광해군11년(1619) 건립, 4×3
東溪亭	청송군 안덕면 덕성동 513	1976년 이전 증축, 4×2
歸岩亭	청송군 진보면 광덕동	4×2
環碧亭	영천군 신령면 화성동 732-1	광해군3년(1611) 중수, 6각형
江湖亭	영천군 자양면 성곡동 산78	선조32년(1599) 건립, 3×2〈지유71〉
三休亭	영천군 자양면 삼구동	1635년 건립, 4×2〈지유75〉
志懷亭	영천군 대창면 용호동 140	광해군5년(1613) 건립, 1678년 이전
太古亭	달성군 하빈면 묘동 638	성종10년(1479) 창건, 1592년 소실 1614년 중건, 4×2〈보물554〉
荷葉亭	달성군 하빈면 묘동 800	1770년대 건립, 〈지유50〉
兩岩亭	군위군 소보면 래의동 627	광해군5년(1613) 창건
羅湖亭	군위군 군위면 수서동	1892년 건립
三詠亭	군위군 효금면 오천동 537	1639년 건립, 1935년 복구, 5×5
陟西亭	군위군 악계면 남산동	1355년 건립
景慊亭	영덕군 축산면 도곡동 137	1700년 건립
蘭皐亭	영덕군 영해면 원구리 194	임란 이후 건립
湖源亭	의성군 의성면 입성동 7-3	1913년 중건
詠歸亭	의성군 점촌면 서변동 319	1500년경 건립
樂天亭	영양군 수비면 발리동	순조대
觀海亭	울릉군 남면 도동 3동	1920년 건립, 1945년 철거 후 건립

君子亭	청도군 화양면 유등동	1915년 중건
碧松亭	고령군 쌍림면 신촌동 산	1930년 중수, 3×2
月巖亭	선산군 도개면 월림동 산48	1630년 건립
鶴泉亭	문경군 가은읍 완장리 428	고종대 건립
白石亭	문경군 영순면 이목리 산72	
五槐亭	문경군 용암면 화산리 151-1	1941년 건립, 1964년 중수
草澗亭	예천군 용문면 죽림동 7	광해군대 창건
栗湖亭	예천군 보문면 조암동	
挹湖亭	예천군 호조면 황지동	1964년 중건, 3×2
龍頭亭	예천군 풍양면 와룡동	숙종대 건립
三樹亭	예천군 풍양면	1800년 건립
伴鷗亭	영주군 영주읍 영주리 297	정조4년(1780) 이전, 3×2
龜鶴亭	영주군 영주읍 가흥리 5	1570년경 건립, 4×2
梅陽亭	영주군 영주읍 가흥리 36	1786년 건립, 3×2
夏寒亭	영주군 영주읍 문정리 62	1550년경 건립, 4×2
錦仙亭	영주군 풍기읍 금계동 134	명종대 건립, 2×2
德泉亭	영주군 풍기읍 백동 522	1560년경 건립, 4×2
天雲亭	영주군 불산면 석포리 744	1580년경 건립, 3×2
德泉亭	영주군 장수면 호문리 52	고종대 건립, 2×2
友于亭	영주군 안정면 용산동 380-5	중종대 건립, 3×2
萬技亭	영주군 안정면 용산동 446	1300년경 건립, 3×2
因樹亭	영주군 부석면 감곡리 436	조선 중기, 2×2
陶巖亭	봉화군 봉화면 거촌리 502	1704년 건립, 3×2
慶北亭	봉화군 물야면 북지리	1470년경 건립
景棣亭	봉화군 법전면 법전리 산59-1	영조46년(1770) 건립, 2×2
滄厓亭	봉화군 법전면 소천리 253	1700년경 건립
玉溪亭	봉화군 법전면 소천리	1942년 이전, 3×2

四未亭	봉화군 법전면 소천리	1700년경 건립
寒水亭	봉화군 춘양면 의양리 134	1534년 건립, 3×2
臥仙亭	봉화군 춘양면 학산리	4×2
種善亭	봉화군 춘양면 문촌리 759	1540년경, 4×2
善巖亭	봉화군 상운면 토요리 241	1904년 건립, 3×2
愚直亭	봉화군 상운면 구천리 329	1910년경 건립
野翁亭	봉화군 상운면 구천리 348	고종13년(1876) 보수
蓮湖亭	울진군 울진면 연지리 797-6	순조15년(1815) 창건, 3×2
望洋亭	울진군 근남면 산통리716-1	철종10년(1859) 이건, 3×2
月松亭	울진군 평해면 월송리 362-2	1969년 중건, 3×2

경상남도

정자 이름	위치	참고 사항
二休亭	울산시 신정동1407-3	1940년 중건, 3×2
孤山亭	진양군 대평면 대평리	1710년경 창건
二宜亭	의령군 대의면 중촌리 845	1660년경 창건
沙月亭	의령군 용덕면 소상리	조선 중기
臨川亭	의령군 정곡면 정방리	1900년경 창건
無盡亭	함안군 함안면 혼산리 2	1567년 창건, 3×2
東山亭	함안군 가야면 검암리 38	1373년 창건, 4×2
聚友亭	함안군 가야면 신암리 15	
泗止亭	함안군 가야면 도정리	
臥龍亭	함안군 군북면 월촌리 산132	
菜薇亭	함안군 군북면 원북리 592	1693년 창건, 1902년 재건, 4×3
伴鷗亭	함안군 대산면 장암리 40	4×2
合江亭	함안군 대산면 장암리	1623년 창건, 3×3

亭名	소재지	비고
廣心亭	함안군 진북면 봉천리	
紫微亭	함안군 산인면	
蓬萊亭	창원군 진동면 사동리 275	1923년 건립
五與亭	창령군 남지읍 시남리 산68	
八樂亭	창령군 유어면 미구리 491-2	
聞巖亭	창령군 계성면 사리10	1836년 건립
忘憂亭	창령군 도천면 우강리 산931	1972년 건립
小聞亭	양산군 물어면 화용리 446-1	1920년 건립
酌川亭	울주군 삼남면 교동리 산111	
樂吾亭	김해군 진례면 청천리	1921년 이전
山海亭	김해군 대동면 주동리 737	5×2
西厓亭	고성군 하일면 학림리 970	1924년 건립, 4×2
蟾湖亭	하동군 하동읍 읍내동 1064-2	1870년 이전, 1973년 건립, 3×2
河上亭	하동군 하동읍 광평리 440-5	1880년 건립
心蘇亭	거창군 남하면 양정리 958	1450년 건립, 4×2
一源亭	거창군 남상면 전척리	
駕仙亭	거창군 북상면 농산리 산6	2×2
屛岩亭	거창군 북상면 농산리 산6	1920년 건립, 1969년 이건, 1×1
建溪亭	거창군 거창읍 상동 산52-1	1905년 건립, 3×2
五友亭	거창군 주상면 원대리 374	1930년 건립, 3×2
薬川亭	거창군 태양면 산통리 1780	1805년 건립, 3×2
道溪亭	거창군 북상면 농산리 산6	1934년 건립, 3×2
樂水亭	거창군 천면 대정리 750	3×2
永思亭	거창군 사천면 강천리 497	1391년 건립, 1945년 중수, 3×2
龍源亭	거창군 마리면 비학리 295	1968년 건립, 3×2
東海亭	거창군 마리면 대동리	1948년 건립, 3×3
立巖亭	거창군 남상면 전척리	1913년 건립, 육모정

孤雲亭	거창군 가북면 몽석리 119-2	1851년 건립
枕友亭	거창군 가북면 중촌리 1869-1	1700년 건립, 3×2
涵虛亭	함양군 유림면 손곡리 239	1970년 건립, 2×2
弄月亭	함양군 안의면 월림리 산90-12	1721년 건립, 3×2
居然亭	함양군 서하리 봉전리 880	1613년 건립, 1885년 중건
思雲亭	함양군 함양읍 상동 349-1	1906년 건립, 3×2
籠山亭	합천군 가야면 구원리	1930년 건립, 2×2
崔氏父子亭	합천군 봉산면 상현 1구 290-1	
孚飮亭	합천군 가야면 야천리	1956년 재건, 3×2
修岩亭	합천군 대양면 대목리 1032-1	3×2
六友亭	합천군 대양면 양산리 573	1811년 건립, 3×2
雷龍亭	합천군 삼회면 외토리 464	1631년 건립
廣岩亭	합천군 대배면 창리 산9	1900년경 건립
甲川亭	합천군 대정면 어전리 479	1920년 건립, 4×2
諒歸亭	합천군 대정면 류전리 893	조선 효종대 건립 1935년 소실, 1958년 신축
四宣亭	합천군 대정면 류전리 496	1900년 건립, 5×2

전라북도

정자 이름	위치	참고 사항
穿楊亭	전주시 중화산동 1가 150	숙종30년(1712) 창건, 5×2
醉香亭	전주시 덕진동 2가 1314-2	1917년 창건, 2×2
月波亭	임실군 덕치면 물우리 272-1	1938년 건립, 3×2
九老亭	임실군 둔남면 둔더리 746	1906년 건립, 2×1
忠木亭	진안군 성수면 구신리 782	1910년경, 2×1
永慕亭	진안군 백운면 노촌리 676	고종6년(1869) 건립

太古亭	진안군 용담면 옥거리 513	영조39년(1763) 창건
樓碧亭	무주군 설천면 두길리 2110	1886년 건립, 4×3
龍淵亭	장수군 계북면 양악리	
五里亭	남원군 이매면 월평리 27	
歸來亭	순창군 순창면 가남리 산2-1	세조2년(1457) 창건, 3×2
龜岩亭	순창군 인계면 구미리 1028	중종15년(1520) 창건
迎狂亭	순창군 쌍치면 둔전리 산6	1910년 건립
樂德亭	순창군 복흥면 상송리 산4	고종37년(1900)
咏時亭	정읍군 북면 마정리 729-25	1967년 건립
石溪亭	정읍군 내장면 교암리 98	1807년 건립
怡心亭	정읍군 소성면 공평리 산1	1942년 건립
君子亭	정읍군 고부면 고부리 63	1673년 개수
頌恩亭	정읍군 고부면 강고리 853	고종30년(1893) 창건
挹遠亭	정읍군 태인면 태흥리	철종7년(1856) 창건
披香亭	정읍군 태인면 태창리 101	단층 팔작, 5×4〈보물289〉
雙清亭	정읍군 옹동면 산성리	철종1년(1850) 건립
八一亭	정읍군 옹동면 산성리 산140	팔경 중의 하나
後松亭	정읍군 칠보면 무성리	고종5년(1866) 건립
江 亭	정읍군 칠보면 무성	선조20년(1587) 건립
蘭菊亭	정읍군 산내면 송성리 산157	1931년 건립
錦沙亭	정읍군 산외면 평사리	
白鶴亭	정읍군 북면 마정리 31-4	1968년 건립, 2×2
醉石亭	고창군 고창읍 화산리	1500년대 건립, 3×3

전라남도

정자 이름	위치	참고 사항
晚悟亭	광주시 서구 노대동 473	1902년 건립, 3×3
望北亭	순천시 용당동 33	광해군7년(1615) 건립
喚山亭	순천시 주곡동 278-2	선조2년(1592) 건립
晚歸亭	광산군 서창면 세하리	1623년 건립, 1×1
南喜亭	담양군 담양읍 백동리	1857년 건립, 2×2
又清亭	담양군 무정면 안평리 산3	2×2
碁翁亭	장성군 장성읍 장안리 97	정조대
耆英亭	장성군 삼계면 사창리	중종39년(1544), 2×2
風詠亭	광산군 비아면 신창리 852	명종15년(1561) 건립
土松亭	광산군 임곡면 광산리 452	1650년경 중수, 3×2
駕鶴亭	광산군 임곡면 사호리 산136	선조34년(1601) 건립, 6각정
觀水亭	광산군 삼도면 송산리 864	1690년 건립, 3×2
清松亭	광산군 본량면 동호리 149	3×1
良苽洞亭	광산군 대촌면 양고리 176	신라시대
覽德亭	광산군 대촌면 석정리 120	고종대(1864년) 건립, 3×2
總務亭	담양군 담양읍 객사리 2	1923년 건립, 3×2
上月亭	담양군 창평면 용수리 76	고려 경종대 건립 세조2년(1456) 명명
觀水亭	담양군 고서면 분향리 36	1497년 건립, 1910년 중건, 3×3
松江亭	담양군 고서면 원강리 산1	1585년 건립, 4×4
獨守亭	담양군 남면 연천리 452	3×5
息影亭	담양군 남면 지곡리 산75	명종15년(1560) 3×2
龜山亭	보성군 조성면 구산리 산55	3×2
永月亭	보성군 문덕면 한천리 723	

映碧亭	화순군 능주면 관영리	인조3년(1624) 건립, 1871년 중수
松石亭	화순군 능주면 관영리	3×3
勿梁亭	화순군 이서면 창랑리 산373	1585년 건립
花樹亭	장흥군 부산면 내안리 803	조선시대 건립
龍湖亭	장흥군 부산면 용반리 530	1750년경 건립
富春亭	장흥군 부산면 부춘리 365	1600년경 건립
閔武亭	영암군 영암면 동무리 62	인조대 건립, 1880년 중수
涵虛亭	곡성군 입면 제월리 1016	중종38년(1543) 건립, 4×2
力壼亭	구례군 산동면 좌사리 839-3	1938년 건립, 3×1
雲興亭	구례군 산동면 시상리 219	순조6년(1806) 건립, 3×3
龍湖亭	구례군 토지면 용두리 467-2	3×2
西休亭	승주군 쌍암면 서평리 402	현종10년(1671) 건립
相好亭	승주군 가암면 죽림리	
竹州亭	보성군 경동면 광곡리 산12	1568년경 건립, 3×2
石湖亭	보성군 겸백면 도안리 622	1700년경 건립, 1923년 중수
千仞亭	보성군 복내면 봉천리 706	정조12년(1788) 건립, 3×3
永保亭	영암군 덕진면 영보리 296	5×3
詠八亭	영암군 신북면 모산리	3×2
四碧亭	나주군 문평면 산호리 39-1	1953년 건립, 3×2
雙溪亭	나주군 노안면 금안리 222	1300년 건립, 3×2
挽湖亭	나주군 봉황면 철천리 343	1570년 건립
觀德亭	함평군 함평읍 기각리 906-2	3×2
永思亭	장성군 장성읍 장안리	3×1
淸溪亭	장성군 진원면 신촌리 산245-1	선조6년(1572) 건립
悠悠亭	장성군 삼계면 주산리	명종19년(1564) 건립, 3×2
觀水亭	장성군 삼계면 내계리	중종1년(1506) 건립, 3×2
邀月亭	장성군 황룡면 황룡리 171	명종20년(1565) 건립

참고 문헌

『문화유적 총람』상・중・하, 문화재관리국, 1977.

민경현, 『한국의 정원문화』, 예경산업사, 1991.

박언곤, 『한국의 누』, 대원사, 1991.

───, 『정자실측조사보고』, 문체부・문화재연구소, 1993.

이규태, 『선비의 의식구조』, 신원문화사, 1984.

이숭녕, 『한국인의 전통적 자연관』, 서울대출판부, 1985.

정동호, 『보길도 윤고산 유적』, 문화재관리국, 1985.

정재훈, 『한국의 옛 조경』, 대원사, 1990.

『산수화』, '한국의 미' 시리즈 11・12, 중앙일보사, 1980~1982.

김용기 외, 「정자에 관한 연구」, 『한국조경학회지』, 1983.

───, 「조선시대 정자원림의 지역적 특성에 관한 연구」, 『한국정원학회지』, 1992.

박언곤 외, 「사륜정기 고찰에 의한 정자건축에 관한 연구」, 대한건축학회 추계학술발표, 1989.

───, 「정자건축의 난간과 공간연출에 관한 연구」, 대한건축학회 추계학술발표, 1989.

윤장섭 외, 「태고정과 박황씨가」, 『건축』, 대한건축학회, 1972.

장양순, 「한국 누정건축에 관한 연구」, 홍익대대학원, 1977.

정동오, 「전통적인 정자원림의 입지특성 및 공간구성에 관한 연구」, 『한국정원학회지』, 1986.

한재수, 「별서 소쇄원에 표상된 자연현상의 건축미학적 체계에 관한 연구」, 『건축』, 대한건축학회, 1985.

빛깔있는 책들 102-6

한국의 정자

글	─박언곤
사진	─박언곤, 김대벽
발행인	─장세우
발행처	─주식회사 대원사
주간	─박찬중
편집	─김한주, 조은정, 표명희,
미술	─김병호, 김은하, 최윤정,
	한진
전산사식	─김정숙, 이규헌, 육세림

첫판 1쇄	─1989년 10월 21일 발행
첫판 9쇄	─2003년 1월 30일 발행

주식회사 대원사
우편번호/140-901
서울 용산구 후암동 358-17
전화번호/(02) 757-6717~9
팩시밀리/(02) 775-8043
등록번호/제 3-191호
http://www.daewonsa.co.kr

(대) 값 13,000원

Daewonsa Publishing Co., Ltd.
Printed in Korea(1989)

ISBN 89-369-0025-0 00540

빛깔있는 책들

민속(분류번호 : 101)

고미술(분류번호 : 102)

불교 문화(분류번호 : 103)